契約與規範

張 永 康 著

學歷：日本拓殖大學經濟學碩士
　　　日本東京大學工學院研究
經歷：審計部第五廳副廳長
　　　審計部臺北市審計處處長
　　　國立中興大學兼任教授

三 民 書 局 印 行

網路書店位址　http：//www. sanmin. com. tw

© 契　約　與　規　範

著作人　張永康
發行人　劉振強
著作財　三民書局股份有限公司
產權人　臺北市復興北路386號
發行所　三民書局股份有限公司
　　　　地址／臺北市復興北路386號
　　　　電話／(02)25006600
　　　　郵撥／0009998-5
印刷所　三民書局股份有限公司
門市部　復北店／臺北市復興北路386號
　　　　重南店／臺北市重慶南路一段61號
初版一刷　1978年5月
初版十四刷　2005年2月
編　　號　S 490630
基本定價　參元貳角
行政院新聞局登記證局版臺業字第○二○○號

ISBN　957-14-1055-1　（平裝）

編 輯 大 意

一、本書取材編寫，著重介紹契約與規範之意義、範圍及其於工程上之重要性，說明契約種類與內涵，介紹標準規範、特訂條款及補充說明等意義，並使學生了解實務作業。

二、本書使用之名詞悉以教育部公佈為準，單位採公制，使用術語屬外來語者附原文俾便查考。

三、本書編寫校對，力求嚴謹，舛誤之處在所難免，尚祈讀者先進惠賜指正。

契約與規範　目錄

第一章　緒　言

1-1　契約之意義

所謂**契約** (*Contract*) 乃指兩個以上當事人，互相表示一致意思之法律行為。工程契約亦可稱之為承攬，或稱**合約**，即業主與承造廠商約定，一方為他方完成一定之工作，他方俟工作完成，給付報酬之謂也。

契約成立之要件，在於當事人之合法協議與具有拘束力，且須包括下列各項，始能產生法律效力。

1.　產生法律關係之意思與證明文件；
2.　當事人應具有權力能力；
3.　合法之標的物；
4.　給付適當之履約報酬；
5.　當事人對特定事項之同意。

1-2　契約之成立方式

一般買賣契約成立方式，概可分為：

1.　換文方式——由買賣雙方往返書信、電報、電話洽定；
2.　確認方式——即是一方對「另一方」之要約提出確認者。例如：買方提出**訂貨單** (*Order Sheet*)，賣方以**銷貨確認書** (*Sales Confirmation*) 確認之。換言之，亦可由賣方提出**銷貨清單** (*Sales*

Note)。買方以購貨確認書 (*Purchase Confirmation*) 確認之。

　　3. 簽約方式——即由買方或賣方所提供之契約，經對方**會簽**(*Counter-sign*) 後，完成契約手續。

　　契約既爲發生法律效力之約定，亦爲雙方所應履行之事項，故必須**審愼**，務求清楚明確，以免日後發生爭議。在交易行爲上，契約之成立，依民法第三四五條第二項：「當事人就標的物及其價金互相同意時，買賣契約即爲成立」之規定，並無要求必須具有一定形式之契約書，僅須當事人間對於某一特定內容之合意即可。一般簡單交易，即使不用契約書，行之亦極爲方便。但一工程之成交，內容複雜，顯難僅憑口頭承諾，得以順利推行。所謂**契約書** (*Contract-note*)，乃指記載當事人間合意事項之文件，亦即雙方所訂立之**書面證據**(*Written Evidence*)。辦理一項工程以前，工程師必須繪製圖樣、撰訂規範、並爲之估算工程費，擬就統一標單，以爲發包、施工時之依據。工程契約，通常包括契約主文、標單、決標記錄、履約保證書、投標須知、施工進度計劃表、圖樣、規範（說明書）等。

1-3　契約之重要性

　　契約書不僅具有證據上之作用，亦爲確定當事人意思之文件。其重要性與功用如次：

　　1.　業主與包商於主要條件談妥後，其履行契約之細節項目或條款，必須以書面詳細載明，庶能完備；

　　2.　由於工程糾紛特多，若訂有正式契約書，更能取得法律上之保障，萬一發生爭執，可作爲交涉依據；

　　3.　可以作爲貸款、納稅等之依據；

　　4.　工程契約自成立以迄於完成，歷時頗久，尤以長期工程契約

爲然，更須訂定書面契約，以防紛爭；

　　5.　若遇雙方於開始時之協議，至執行時發生困難，或細節條件不合，則在簽訂書面契約時，對方可早日發現錯誤，立卽修正解決。

1-4　規範之種類及其內涵簡介

　　工程規範乃一工程應遵行之規則與法式。係用以正確清晰說明在技術上所必須具備之條件及其處理程序與方法。廣義言之，圖樣亦可視作規範文件之一。惟一般所稱工程規範係以施工技術規範 (*Technical Provisions*) 或稱施工說明書爲主，凡圖樣上無法詳註者，均於此說明之，諸如材料規格、施工方法、工作標準以及其他一般性條件與規定事項等。

　　近代工商管理，注重標準化 (*Standardization*)。施工說明書邁向標準化，亦爲適應潮流之必然趨勢。所謂標準說明書 (*Standard Specifications*)，乃爲確定或提高事物之質量或方法，所規定之目標或基準。惟並非一成不變，必須適事、適時。易言之，必須與投標文件與設計圖樣相配合。否則，標準說明書雖夠周詳，但如內容不能切合實際，形同虛設，不僅於事無補，反會導致困擾。蓋一般說明書均有：「⋯⋯凡在圖上註明而不見於說明書者，或見於說明書而圖上未註明者，對本工程均發生同樣效力⋯⋯不得藉口推諉或要求加價。」之規定。是則採用統一標準說明書而又未根據實際情形予以增刪，卽可能發生應予規定者，尚付缺如；毋須規定者，反又列入等情事。若按上開條文規定解釋，說明書與圖樣具有同樣效力，則見諸於說明書者，均須照做，豈不無中生有，橫生枝節乎。

1-5 各國現行契約簡介

我國商場一向風尙「和氣生財」、「顧客永遠是對的」，業者均以競攬工程爲第一要務，而視與業主計較契約條款爲禁忌。殊不知不利於業者之契約條款，足可使其身敗名裂。多年來，國內業者因已習慣於偏重業主權益之「單邊契約」，復對歐美各國現行之工程契約又不太熟悉，曾聞因此而慘遭虧損者。玆將各國現行工程契約簡介如次:

1-5-1 美 國

美國現行工程契約之範式，計有下列三種:

1.　美國聯邦政府建設工程標準承攬契約 (*U. S. Goverment Standard Form for Construction Contract*)。

2.　美國鐵路工程師協會之統一承攬契約 (*Uniform Contract Form of American Railway Engineering Association*)。

3.　美國建築師協會 (*A. I. A.*) 之標準契約暨普通條款 (*Standard Agreement and General Condition*)。

以上三種標準範式在美國沿用迄今已有多年歷史，且均經過無數次審判上之考驗，而能依然存在，故被視爲最健全之工程契約範式。其中第1種契約爲因應政府法令規定，較爲詳明，被視爲政府工程通用之契約範式; 第2種契約，在美國採行最早，爲一般民間營建工程所樂用; 第3種契約範式，爲一般民間辦理建築工程時所通用。

1-5-2 英 國

英國現行工程契約範式，約有下列三種:

1.　英國之「公共工程通用之契約條款」(*General Conditon of*

Government Contracts for Building and Civil Engineering Works 簡寫爲 *CCC/WKS/I*)，乃英國政府建設工程統一契約條款。凡英國政府發包之工程，不論其爲土木或建築，除運輸部係採 *I. C. E.* 契約外，多採該種範式。

2.　*I. C. E.* 契約，係英國土木學會、土木建設業協會、以及顧問工程師協會等團體，共同制定而推薦施行。此種契約方式，原爲英國本土之工程而制訂，嗣爲適應深受英國政治、經濟制度影響之海外屬地發包工程之需要，乃在該種契約中羼入當地條件，以迎合實情。今之新嘉坡、馬來亞、緬甸、及印度等仍均沿用：香港自亦不能例外。

英國早期之工程契約，亦類似「單邊契約」，對營建業頗爲不利。而 *I. C. E.* 契約已增訂若干保護承包商之條文。因此，若論改革及維護契約之公正性，及工程秩序之建立，*I. C. E.* 契約實應居首功。

3.　*R. I. B. A.* (*Royal Institute of British Architect* 之簡稱) 契約，係建築師、政府機關、估價師關係團體，及地方公共團體之代表等所推薦使用。一般建築工程及地方公共團體之建築工程，多係採用該種範式。

1-5-3　日　　本

日本現行工程契約，計有下列五種:

1.　建設工程標準承攬契約。
2.　民間建設工程標準承攬契約（甲）。
3.　民間建設工程標準承攬契約（乙）。
4.　建設工程標準包工契約（甲）。
5.　建設工程標準包工契約（乙）。

上列五種標準契約之條款，悉由日本中央建設業審議會依據建設業法第34條規定訂頒施行。凡政府機關或社團發包之工程，均係採

用第 1 種。

綜上所述，各國現行工程契約條款之種類繁多，此外另由工程師
協會國際聯盟、建築及公共工程國際聯盟等協同制定之**國際契約條款**
(*International Condition Contract*)，曾於1957年 8 月發行國際版。
該種契約條款，全部係參照 *I. C. E.* 契約而制定。據悉加盟國際契約
條款之國家計有：阿根廷、澳洲、比利時、瑞士、瑞典、加拿大、丹
麥、芬蘭、法國、英國、德國、希臘、義大利、盧森堡、挪威、荷蘭
等國。對不同國際之發包與承攬，堪稱極具功效而又方便。

第二章　契約與規範有關用語之定義

　　專用於契約與規範之單字及辭句，甚爲繁多。其含義有者過於專門，有者暗晦不明，亟有解釋之必要。尤有進者，工程人員常以不同之名詞，表示相同之事項或活動，或以相同之名詞表示各異之事項或活動，皆易於引起彼此間之誤解。是故，此類**術語定義** (*Definition of Terms*) 之標準化，亦爲衆所期望之目標。契約與規範之有關用語，如能運用得法，不僅可省略冗長之說明，且能增進雙方瞭解，可收事半功倍之效。本章對契約用語之解釋，係以契約主文內載者爲主，並以投標須知等契約附件所載者爲輔。至規範用語之解釋，則以常用技術規範用語爲主。惟有關用語如已見諸於本書章次，或過於偏專者，則不贅述。

2-1　契約有關用語

1. **養護合格證明書** (*Acceptance, Final*) —— 爲契約工程於養護期滿，經工程師（處）檢驗合格後，由業主簽發養護合格證明書，以終止承包商及其保證人對該契約工程之責任。

2. **部份驗收** (*Acceptance,, Partial*) —— 爲依合法規定，完成某工程之一單位或一部份之驗收事宜。此種部份驗收，不能視爲解除契約中任何對承包商之約束，或任何契約條款因之而失效。

3. **驗收** (*Acceptance, Provisional*) —— 乃查驗接收之意，通常係指全部工程完竣後，經工程師檢驗（一般稱之爲初驗）合格，由業

　　主報請主管機關派員正式查驗通過，交由使用單位接管。

4. 招標公告 (*Advertisement for Bids*)——「招標」乃辦理工程及採購等方法之一種，卽以公開方式競標；「公告」乃公開發表之有關招標事宜之文件。

5. 同意書 (*Agreement*)——爲工程師之書面同意。包括繼口頭同意後之書面證實。

6. 先用權 (*Beneficial Occupancy*)——爲工程之全部或一部份，於未竣工或未驗收前，業主先予使用之權。

7. 投標 (*Bid*) (*Proposal*) (*Tender*)——爲廠商按照規定之程序與表格所提出之投標文件。該投標文件中所報之各項價格須考慮對該工程提供所有材料、人工與機具之供應，並在規定工作時間內，依約完成之承諾。

8. 投標者 (*Bidder*) (*Tenderer*)——爲獨資、合夥、行號或公司，直接或其全權代表參加工程投標者。

9. 契約工程項目 (*Contract Item*) (*Pay Item*)——爲契約內特別列明之工程單元。例如「水泥砂漿砌磚」、「瀝青混凝土」等。

10. 契約主要項目 (*Contract Item, Major*)——爲任何契約項目，其單項價額超過契約總額百分之五者。

11. 契約次要項目 (*Contract Item, Minor*)——爲任何契約項目，其單項價額等於或小於契約總額百分之五者。

12. 契約總價 (*Contract Price*)——爲投標文件上所載明之總價，包括根據契約之增減。

13. 契約期限 (*Contract Time*)——爲載明於契約上之竣工日期，其計算以日曆天或工作天爲準。

14. 契約單價 (*Contract Unit Price*)——爲契約內每一工程項目之價格。

15. **簽約代表** (*Contracting Officer*)──如代表官方簽約之人員。

16. **承包商** (*Contractor*)──爲履行契約之獨資、合夥、或公司組織，包括承包商之個人代表，接辦人及經許可之指派人，彼等對於已簽約工程之合格完成以及有關工程債務之支付，均負完全責任。

17. **指示** (*Directive*)──爲工程師發給承包商之書面通知，要求其按照契約執行工作，包括不涉及調整付款標準之所有變更。例如：開工、停工、復工之通知及進行契約中任何臨時須急辦之工程項目。

18. **施工圖說** (*Drawings, Contract*)──爲附有規範及補充圖之施工圖說，及工程師隨時以書面提供或批准之補充圖說，以及工程之修正或增加之圖說。

19. **工程師** (*Engineer*)──爲業主指派並以書面通知承包商負責監督工程施工之人員或顧問工程公司。其作用視同契約中所指之工程師。

20. **工程師之代表**(*Engineer's Representative*)──爲駐工地工程師、工程之助手，或隨時由工程師指派並以書面授權之工程管理人員，該書面授權須抄送副本予承包商。

21. **額外工程** (*Extra Work*)──爲非載於契約內之工程，惟在計劃範圍內對圓滿完成契約甚爲重要者。

22. **額外工程之變更通知** (*Extra Work Order*)──爲有關額外工程之執行或額外材料供給之變更通知。該項額外工程部份，可按協議之價格或按日計值方式執行。

23. **供應材料** (*Furnishing Materials*)──供應材料一詞用意較爲含混，通常可分爲承包商供應或業主供應兩種，玆分述如次：
    1.由承包商供應者，用於規範中任一節之支付條款時，其意謂：

(1) 經承包商購買，並將其運達工地之材料。

(2) 若為承包商在當地生產之材料，承包商應取得運走之權，且必須進行生產並將之運抵工地；對出入之通路作必要之建築，修補及復原，且對材料產地作最後之清除整理工作。

2. 由業主供應者可分為：「無價供應（給）」、「有價供應（給）」兩種。若予細分之，又可將之分成「限量」與「不限量」兩種。

24. **假日** (*Holiday*)——為經政府規定之假日。

25. **招標** (*Invitation for Bids*)——為彙集有關文件，提供投標者作為參加投標之參考。

26. **逾期罰款或逾期償付金** (*Liquidated Damages*)——為承包商完成全部或任何指定部份之工程，超出契約規定之許可期限，對其每延誤一天按規定須付給業主（或從應付承包商之款項內扣除）之罰金。

27. **總額** (*Lvmp*)——為契約中某一項工程，包括其所有必須之配件與附屬之設施，不按該工程完成數量及單價計算，而僅按該一項工程完成付一總數之金額。

28. **書面通知** (*Notice, Written*)——為業主與承包商之間，或工程師與承包商之間，相互傳達意見之正式書面文件。

29. **投標通知** (*Notice to Bidders*)——為發給投標者之正式通知（附於投標書內）。

30. **超越量** (*Over-run*)——為投標書詳細價目表內任何項目之預估工程數量少於實際完成工程數量之差數。

31. **調查表** (*Questionnaire*)——為一機密調查表格，投標者應提供所需之有關其施工及經濟能力之資料。

32. **必須** (*Shall*)——為表示契約之意向，對承包商具有命令式之要

求。

33. **得** (*Should*) ——爲表示契約之意向，對承包商具有實用性之建議，但並無拘束力。

34. **補充同意書** (*Supplemental Agreement*)——爲締約人雙方（甲乙兩方）間之書面同意，用以修正原執行之契約，及包括一般範圍以外工程之履行。

35. **保證人** (*Surety*) —— 爲經業主認可殷實商號，或設於台灣之銀行，保證投標者於得標後必定完成契約之簽訂。並保證其在簽約後，必能按照規格完成契約工程，實踐其所允諾事項，支付有關契約工程之一切費用，並履行其他情形下必要之法令。

36. **不足量** (*Under-run*) —— 爲詳細價目表中任何項目，其預估工程數量多於實際完工數量之差額。

37. **賣方** (*Vendor*) ——爲與承包商訂有契約，或握有承包商購貨單以供應工程所需之材料、人工、裝配、貨物等獨資，或合夥之公司行號。

38. **書面** (*Writing*) ——爲任何手寫、打字或印刷之文件。

2-2　規範有關用語

1. **通道** (*Access Road*)——連接工地及馬路之主要交通道路設施：或爲承包商所築以便其進入工地之臨時道路；或工地內連絡各處而專供行人及車輛所用之交通道路。

2. **攙品** (*Admixture*)——或稱「混合物」，爲用作附加或攙合之材料；例如附加於礫石路面層上之氯化鈣或氯化鈉、黏土、砂等。

3. **骨材** (*Aggregate*)——爲用於建築或土木工程之礦物質，如礫石、碎石、熔渣、砂或其混合物。

4. 同意 (*Approval*)──工程師之書面認可，並包括其先前口頭認可之書面追認。

5. 如指定的 (*As Directed*)──此爲所需要的 (*As Required*)，所允許的 (*As Permitted*)，「核准的」(*Approved*)，所規定的 (*Ordered*)，接受的 (*Accepted, Acceptance*) 等同義之名辭，除另有規定外，均表示工程師之指定的、需要的、允許的、核准的、規定的、與接受的。

6. 如所示 (*As Shown*)──此爲如詳示的 (*As Detailed*)，如說明的 (*As Indicated*) 等同義之名辭，除另有規定外，均以施工圖爲準。

7. 回填 (*Backfill*)──爲回填於挖方地區之材料，或在挖方地區回填材料之行爲。

8. 底層 (*Base*)── 爲直接置於面層下，具有預定厚度及規定材料之一層。

9. 基礎層材料 (*Basement Material*)──爲於挖方地區或填土地區之材料，此等材料係置於基層、底層、路面、面層或其他指定層之最下面部份，其厚度能影響結構之設計。

10. 結合料 (*Binder*)──或稱「膠結料」。爲用以穩定或結合鬆土壤或骨材之材料。

11. 刮平 (*Blading*)── 爲利用可調整之機動鋼質刮刀，刮平道路表面，使基層或底層平整。

12. 冒油 (*Bleeding*)──爲由於熱度或由於施工、修補、重鋪時，使用過多之瀝青材料，造成路面超量瀝青材料之滲出。

13. 借土 (*Borrow*)──爲路堤或其他類似工程供給之合格材料，取自經核准之來源者。

14. 由工程司所發佈或送請工程司定奪 (*"By" or "To The Engineer"*)──爲規範中對於任何事項之正反措施，諸如核可或否決；

授權辦理或指示辦理；認屬必要或不必要；接受或拒絕；認爲滿
意或不滿意；適合或不適合；繼續進行或終止等。所訂條文均應
詮釋爲：此等措施須視同由工程師所發佈或送請工程師定奪者。

15. **變更通知** (*Change Order*)——爲工程師對承包商之書面通知，
    包括契約範圍內之工程變更，並爲因變更之影響而調整付款與工
    期之根據。

16. **施工設備** (*Constructional Plant, Plant*)——爲有關於執行、完
    成、維護工程任何實際所需之機具、材料或臨時工程，但不包括
    用於組成永久性工程之任何設備材料或物件。

17. **固定費用** (*Fixed Costs*)——爲直接用於工程上必需之任何勞
    力、材料及設備費，但不論工程數量完成多少，其費用係固定不
    變數。

18. **發火點** (*Flash Point*)——或稱「燃點」。爲一特殊之溫度，在此
    溫度，材料可放出足夠之可燃氣，當其觸及火焰及火花時，即刻
    燃燒。

19. **基地面** (*Grading Plane*)——爲基地之表面，該層上爲基層之底
    面，其上爲路面層、面層、或其他指定層。

20. **親水性** (*Hydrophillic*)——爲骨材與力混合之附着力，大於油混
    合之附着力。

21. **不透水層** (*Impervious*)——爲一材料層，在靜壓力下，水爲其
    隔絕，無法透過該層。

22. **驗收前檢驗** (*Inspection, Final*)——爲工程師最後全面之檢驗，
    該檢驗爲驗收工程之依據。

23. **初驗** (*Inspection, Pre-final*)——爲工程師接到承包商完工通知
    後，所作之廣泛檢驗，以鑑定工程之全部或局部是否合乎要求。

24. **檢驗員** (*Inspector*)——爲經工程師授權之代表，該代表以所授

之權限，對已完成之工程、施工中之工程、由承包商供應之材料、或供應中之材料，作各項必要之檢驗。

25. **試驗室** (*Laboratory*)——為工程師所指定之試驗室。

26. **環境美化** (*Landscaping*)——為計劃種植樹木、灌木、藤蔓及其他植物，以利獲致樹蔭、減塵、控制冲蝕或改善外觀等之目的。

27. **易混合性** (*Miscibility*)——為物質混合之能力。

28. **公稱尺度或公稱重量** (*Nominal Dimensions or Weights*)——為載於設計圖上或規範中之數值，用以量度工地施工之工程與竣工工程者。凡符合該項數值或在公差範圍內者，得予接受。

29. **或相等** (*Or Equal*)——為關於代替之設計、效用或品質可與合約規定者相當。

30. **露頭** (*Outcrop*)——為岩層之暴露或接近地表面者。

31. **超程** (*Overhaul*)——亦有稱之為「遠運」。為挖出物料之拖運超過規定免費距離。其超程部份應予給價。

32. **養護期** (*Period of Maintenance*)——為契約內明定之養護期，自工程師對該工程簽發最後檢驗（驗收前檢驗）合格通知之日起算。

33. **永久性工程** (*Permanent Works*)——為承包商按照契約要求所完成，而為業主所接受之工程部份。

34. **透水層** (*Pervious*)——為一物料層，在靜水壓下，水可透過該層。

35. **塑性指數** (*Plasticity Index*)——為在土壤可塑之含水量範圍內，流性限度與塑性限度之差值。其差值以完全乾燥土壤之重量百分數表示之。

36. **透層** (*Prime Coat*)——為以瀝青澆舖於卵石或碎石骨材底層之上部，作為上下層之粘結及防水之用，隨後舖設兩層。

37. 加工 (*Precessing*)——爲製造某一特定材料時所必需之任何種類及任何程度之作業。

38. 縱斷面坡高或標高 (*Profile Grade*)——係垂直面與計劃磨耗面或其他經指定層之頂部相切處之跡線。該跡線係沿路基縱面向之中心線，通常係指上述跡線之高程或坡度。

39. 工程編號 (*Project Number*)——工程師爲易於分辨與說明起見，所作施工工程之編號。

40. 供應 (*Provide*) (*Provided*) (*Provicion*)——「供給」(*Providing of*) 及「準備」(*Provision of*) 爲現場全部供應，卽供應與裝設。

41. 鬆散 (*Ravelling*)——爲道路面層材料之逐漸鬆散。

42. 合理之近似値 (*Reasonably Close Conformity*)——爲若無規定工作公差，則在製造與施工時，應按合理與習慣上之公差。對已有規定者，則指遵照規定之工作公差。若超過此容許誤差之變量，如不影響工程之價値、效用、及業主之權益時，工程師須接受此種變量。

43. 主任工程師 (*Resident Engineer*)——爲業主之代表，直接負責工程之施工。

44. 路基 (*Roadbed*)——爲公路頂部及邊坡內傾斜部份，用作路面與路肩之基礎。

45. 路旁 (*Road-side*)——爲隣近路幅外緣之地區。

46. 路幅 (*Road-way*)——地權之一部份，爲施工所需者。

47. 工地 (*Site*)——爲施工場所之地下、地上或通過之土地，以及其他地方，或契約中業主提供除上述以外之土地或地方，該等處所在契約中稱之爲工地。

48. 工地工作 (*Site Work*)——爲各種操作活動，實際上雖不在施工

地區內之工作，但因該裝置與操作爲整體施工之一部份，故仍被
視爲工地工作。其工作包括（但並非僅限於）砂與礫石之採取。
碎石與材料加工之處理、拌合場以及裝配場之操作等，各該工作
主要爲供應該契約工程之需要。

49. **破碎** (*Spalling*) ——如在混凝土路面及建築之接縫處，沿邊緣
之破裂。

50. **比重** (*Stabilize*) ——爲以適量之粘土或其他結合料加入並經充分
混合以結合骨材。以砂或骨材混合以增加粘土、土壤等承載力，
如用於道肩之穩定。

51. **結構物** (*Structures*) ——係指橋樑與箱形涵洞等。

52. **基層** (*Subbase*) ——爲底層與基礎材料之間（若爲剛性路面，通
常則爲路面與道床之間），依照設計厚度及合格材料填築之輔助
層，通常對不良道床使用之。

53. **小包** (*Sub-Contractor*) ——爲將契約中部份工程，分包於作頭
或包工業。

54. **道床** (*Sub-grade*) ——或稱「路基」。爲路面結構及路肩之基礎。

55. **下部結構** (*Sub-structure*) ——爲單跨度或連續跨度結構物之支
承以下，拱之拱脚線以下，及剛結構柱脚以下，並包括胸牆、翼
牆及欄杆、護翼等在內。

56. **承商工地負責人** (*Superintendent*) ——爲在工作進行中，代表承
商接受及履行工程師命令，並對工程施工負責監督與指揮之人。

57. **上部結構** (*Superstructure*) ——爲除下部結構以外之所有結構部
份。

58. **面層** (*Surfacing*) ——爲路面之頂層。

59. **部份停工** (*Suspension, Partial*) ——爲經工程師書面通知之若干
項目暫停施工，但並非全部工程停工。

60. **全面停工**　(*Suspension, Total*)——爲經工程師書面通知之全部工程停工。

61. **粘層**　(*Tack Coat*)——爲於原有面層上加鋪一層瀝青材料，以備粘結新鋪面層之骨材與瀝青材料。

62. **臨時工程**　(*Temporary Works*)——爲所有臨時性之工程，係爲施工、完工與養護而設者。

63. **空隙**　(*Voids*)——爲物體或混合物中顆粒與顆粒間之空隙。

64. **揮發**　(*Volatile*)——爲快速之蒸發作用。

65. **水結**　(*Water-bound*)——爲藉水使之結合。

66. **工作**　(*Work*)——承包商基於契約之要求，爲履行其所有職責與義務而順利完成計劃之需要與利便，所辦理提供人工、材料、設備以及其他附屬品之事宜。

67. **施工圖**　(*Working Drawings*)——爲製造圖、架設圖、鷹架圖、構架圖、圍堰圖、或任何其他補充圖及資料。該等圖樣及資料，於施工或材料製造前，應先由承包商提交工程師批准。

68. **工作期間**　(*Working Time*)——在投標書及契約內所載明之工作期間，爲一限定之工作日數，爲契約之基本部份之一。

69. **工程通知**　(*Work Order*)——爲經工程師簽字之書面通知，具有契約之約束力，要求執行而無須任何商洽者。

第三章　工程設計服務契約

　　建築師為自由職業之一，其主要業務為接受委託，辦理勘測規劃、詳細設計、現場監造等。一面受委託人之酬金，一面運用其藝術及技術上之學識與經驗，盡其業務上應有之各項義務。在設計時期，建築師對於委託人處於顧問之地位，貢獻意見及設計繪圖。

3-1　訂立工程設計服務契約之程序

3-1-1　決定設計建築師

　　建築師設計與一般商品買賣不同，蓋其所提供者，乃以無形之頭腦與信譽經驗，亦即所謂「服務素質」，顯難自實體器物中予以查考。誠如日本審計學家高橋秀夫之言曰：「勞務費在性質上無法與施工後可以修補，或交貨後可以退換等有補救辦法者相比」，故不能以公開招標為之。通常係採「競圖」方式，或直接「委託」辦理。所謂「競圖」方式，即開列設計條件，及參加人員之資格，但不得要求開業建築師提出過去所承辦工程之績效（內政部65. 9. 11台內營字第698629號函），登報公開徵求設計，由業主邀請專家或有關人員加以秘密評選，以決定委託對象。惟評選雖經慎重研究辦理，仍難就安全客觀立場以為抉擇，由於一般人在對設計的優劣，難以自圖中鑑別。故常逕自委請熟稔之建築師設計。

　　依我國建築師法第二十五條第二款規定：建築師不得兼任或兼營

營造業、營造業之主任技師或技師。但在一般先進國家則不然。近年來，盛行一種「統包式」(*Turnkey*)，即將設計、營造，甚至傢俱一併委請辦理。更有將興建工程所需之貸款亦一併列入。此對業主而言，不僅方便，且可作正確之選擇。

3-1-2　辦理簽約手續

簽約本為雙方當事人之事宜，且工程委託契約，在國內所用者多為制式，自無贅述之必要。但一般委請國外顧問工程公司辦理者牽涉較廣，除由雙方協議事項外，在政府機關並須依行政院所頒「各機關委託國內外顧問機構承辦技術服務處理準則」規定辦理。

政府機關營繕工程，其在一定金額以上者，依法規定須經審計機關派員監視，但現行稽察範圍，顯作狹義解釋，並不包括工程設計等技藝報酬及勞務費用在內，故毋庸經由稽察程序。

3-1-3　工程委託契約範圍

建築師受託辦理建築物及其實質環境之調查、測量、設計、監造、估價、檢查、鑑定等各項業務。並得代委託人辦理申請建築許可，招商投標，擬定建築契約及其他工程上之接洽事項。茲再就其主要部份分述如次：

1. **勘測規劃事項規定如下：**

   (1) 察勘建築基地——建築師受託後，應根據委託人提出之詳細而準確地籍圖，進行規劃，並親赴該建築地址詳細察勘地勢、鄰近情況、公用事業設備、都市計劃情形等，倘查見地基形勢與境界線等與委託人所提供之地形不盡符合或欠詳明時，應由委託人申請地政機關重新加以測量，以期精確。五層以上建築或特殊地區，建築師得請委託人根據其意見，提

供當地地質鑽探等資料，俾據以設計。

(2) 規劃圖說之製作——建築師應根據委託人之需求與意見，擬就初步規劃圖及簡略說明書，並徵得委託人之同意，以作為詳細設計之依據。初步規劃包括必要之配置圖、平面圖、外型圖。簡略說明書包括構造方式、材料種類、設備概要及工程概算等。

2. 詳細設計事項規定如下：

(1) 建築師應依勘測規劃圖說，辦理下列詳細設計圖樣：

一、配置（包括屋外設施設計）圖。

二、平面圖、立面圖、剖面圖、一般設計圖。

三、結構計算書及結構設計圖。

四、給排水、空氣調節、電氣、瓦斯等建築設備圖。

五、裝修表。

各項圖樣應使營造業得以精確估價及施工為原則。

(2) 編製預算書及施工說明書——預算書應詳盡確實；施工說明書應以簡明之文字規定每種工程之做法及材料之品質。

3. 現場監造事項規定如下：

(1) 監督營造業依照詳細設計圖說施工。

(2) 檢驗建築材料之品質、尺寸及強度是否與圖說規定相符。

(3) 檢查施工安全。

(4) 審查及核定承造人根據設計圖繪出之現場大樣並指導施工方法。

(5) 建築師發現承造人不按圖樣施工時應即糾正，如其不聽糾正時，應即以書面報告委託人，及當地主管建築機關備查。

(6) 建築師按照契約之規定，對所有工程上之應付款項，負審核及簽證之責，俾委託人據以逐付承造人。

(7) 建築師應綜理工程上所有一切建築設備，如委託人自行另聘
專家擔任設計時，應通知建築師以便隨時連繫及配合。

(8) 凡與工程有關之疑問，由建築師解釋之，並得視為最後決
定。有關委託人與承造人間發生之問題，建築師可按照建築
契約之規定，擔任解釋並決定之。惟任何一方對於其所解釋
及決定不滿意時，仍得向建築爭議事件評審委員會申請仲裁
之。

4. 建築師得受委託人之委託，代辦申請建築執照，其應行繳納之行
政規費及執照費等，均歸委託人負擔；如代辦招商投標手續，則
一切招標費用，應由委託人給付之。

5. 建築師得受委託人之委託，辦理測量及建築物之安全鑑定、安全
檢查；建築物造價鑑估、建築工程工料數量核算與品質之鑑定。

6. 建築師得受委託人之委託，代向主管機關查詢街道建築線或土地
建築物使用關係。

3-1-4　建築師酬金之標準與計付

1. 建築師酬金之標準：

建築師受委託人之委託辦理建築工程之勘測規劃、設計、監造，
以迄於完工，其酬金標準端視建築物之種類、工作之繁簡而定，並非
一成不變。茲將一般酬金標準列示如附表：

本表僅適用於民間。政府機關則應依照公有建築物委託設計監造
酬金標準辦理。至於酬金係按全部建築費之百分率計算。所謂「全部
建築費」，係指建築物所有一切人工材料及設備之總價。建築師受委
託辦理下列業務時，其費用由雙方協議之：

(1) 建築物之安全鑑定。

(2) 建築物之安全檢查。

建 築 師 酬 金 標 準 表

種別	建 築 物 類 別	酬　金　百　分　率			
		總工程費一百萬元以下部份	總工程費超過一百萬至五百萬元部份	總工程費超過五百萬至二千萬元部份	總工程費超過二千萬元以上部份
一般建築	簡易倉庫、普通工廠、四層以上集合住宅、店舖、敎室、宿舍、農業水產建築物及其他類似建築物。	5.5% 至 9.0%	4.5% 至 9.0%	4.0% 至 9.0%	3.5% 至 9.0%
公共及高層建築	禮堂、體育館、百貨公司、市場、運動場、冷凍庫、圖書館、科學館、五樓以上辦公大樓公寓、祠堂會館、電視電台、遊樂場、兒童樂園、郵局、電信局、餐廳、一般旅館、診所、浴場、攝影棚、停車場及其他類似建築物。	6.0% 至 9.0%	5.0% 至 9.0%	4.5% 至 9.0%	4.0% 至 9.0%
特殊建築	高級住宅別墅、紀念館、美術館、博物館、觀光飯店、綜合醫院、特殊工廠及其他類似建築物。	7.0% 至 9.0%	6.0% 至 9.0%	5.5% 至 9.0%	5.0% 至 9.0%

內政部 62.7.9. 台內地字第 546907 號令核定

（3）建築物之估價。

（4）實質環境之測量。

（5）代爲提供籌措建築資金，或辦理工廠登記之有關圖件。

（6）代辦拆除執照。

2. 建築師除酬金外，得依下列各款收取費用：

（1）委託人因用途、名義等變更，增加工程師之手續時，可另收總酬金 2％至 5％之手續費。

(2) 委託人因變更計劃或用途，須重行設計繪圖時，其增加之費用，由委託人負擔。

(3) 因委託人或承造人之責任，或天災人禍等，而致增長監造期限時，得依建築契約工期，按其逾期日數與工期比率，計算增加監造費用，並由委託人負擔之。

(4) 申請建築執照所需之藍圖，及應供給委託人之全部設計藍圖五份外，委託人如有額外需求，其工本費歸由委託人負擔。

3. 委託人若將一工程分別委託數位建築師辦理時，按下列標準給付之:

(1) 僅委託勘測規劃時，按酬金表所計總酬金之25％給付之。

(2) 僅委託詳細設計時，按酬金表所計總酬金之55％給付之。

(3) 僅委託現場監造時，按酬金表所計總酬金之35％給付之。

4. 建築師之酬金，委託人應於下列期限給付之:

第一期: 訂立委託契約時付10％（按全部工程概算核計之）。

第二期: 勘測規劃完成時付20％（按全部工程概算核計之）。

第三期: 詳細設計圖完成時付40％（按全部工程概算核計之）。

第四期: 委託人與營造商簽訂建築契約時付10％（根據發包價實數，連前一併核算給付之）。

第五期: 工程完成一半時付10％（根據發包實數給付之）。

第六期: 工程全部完竣時予以結算，其未付部份全部付清之。

　　委託人如因故中途停止委託時，須以書面通知建築師，並應根據建築師之工作進度給付酬金。

5. 顧問工程公司計費標準:

　　我國近年以來，由於經濟迅速發展，迭有重大工程及生產工廠之興建，為期慎重解決有關技術問題，對於規劃設計施工，多有聘請國內外之顧問工程公司或工程專家負責代為辦理。茲將一般計費標準概

述如次:

(1) 成本計酬法———一般性質複雜，其服務費用不易確實預估者
採用之。其內容項目包括如下:

一、直接費用:

(一) 實際薪資數另加20%（或高於此數），作為公休假、
保險費等，此為直接從事工作之工程師、專家、及其
工作人員。

(二) 其他直接費用，如旅費、工地津貼、資料收集費、聘
請專家之報酬及旅費、專利費、施工及運轉人員之
代訓費、電子計算機租費及製作程式費、測量鑽探試
驗費、圖表報告之複製印刷費、及有關捐稅等。（本
項定為基數以100計）。

二、管理費用: 包括未在「直接費用」項下開支之管理及會計
人員薪資、辦公室費用、水電及冷暖氣費用、儀器設備及
傢俱等之折舊或租費、辦公事務費、儀器設備搬運費、郵
電費、業務承攬費、廣告費、捐贈、及有關捐稅。（本項
照「直接費用」之110計，亦有高達135者）。

三、公費: 為技術顧問機構所得之報酬，包括業務及發展費
用、結束工作所需費用、研究費用、專業聯繫費用、參加
國內外職業及技術會議費用，及有關捐稅等（本項照「直
接費用」之105計）。

四、雜費: 按實開支。（以上四項共計為315（或高於此數）另
再加計雜費）。

(2) 建造費百分比法———適用於性質較為單純之工程計劃。其不
包括監造之一般標準如次:

一、10,000,000美金以下者，按7.6%給付。

二、10,000,000至50,000,000美金者，按7.6%——5％給付。

三、50,000,000以上者無規定。

（3）按日計酬法——適用於工作範圍較小，僅需少數工程技術專
家作短暫時間之服務。係以工作人員月薪1/15（或有上下）
作爲基數，並按「成本計酬法」計算其管理費用及公費，以
三者之總和，作爲每日之服務費用。

（4）總包價法——適用於工作範圍簡單明確，服務成本之總價可
以正確估計之技術服務。其總價可依服務項目之單價計算
之；至總包價或各別單價之計算，可參照「成本計酬法」辦
理。

按諸以往外國技術顧問服務費計算原則，以「成本計酬法」
或與「按日計酬法」配合採用者較多。

6. 建築師之責任：

建築師受託辦理各項業務，應遵誠實信用之原則；不得有不正當
行爲，及違反或廢弛其業務上應盡之義務；並不得允諾他人假借其名
義執行業務；至於受託設計之圖樣、說明書、及其他書件、均不得違
反建築師法、建築法、及其他有關法令，並應負設計之責任；其受委
託監造者，應負監造之責任。否則將按所犯之情節輕重，遭受懲罰。

3-2 工程設計服務契約之內容

我國工程委託契約，係由建築師公會統一印發，尚稱利便，玆列
示如次：

委 託 契 約 書

本契約由　　　　　　　　　（以下簡稱委託人）與建築師　　　　　　　（以下簡稱建築師）同意於中華民國　年　月　日訂立，玆因委託人擬在建造下列建築物

特行委託建築師擔任設計及監造事宜所有手續悉依下列條文辦理。

第一條: 建築師受委託人之委託後應按照建築師公會建築師業務章則之規定辦理下列各項職務:

　　　一、察勘建築基地。

　　　二、擬定勘測規劃圖及簡略說明書。

　　　三、製繪詳細設計圖樣及編訂施工說明書。

　　　四、代請建築執照。

　　　五、計算工程項目數量及分析單價編訂造價預算書。

　　　六、襄助委託人招商投標及簽訂承包契約。

　　　七、監督營造業依照詳細設計圖說施工。

　　　八、檢驗建築材料之品質、尺寸及強度是否符合規定。

　　　九、檢查施工安全。

　　　十、簽發領款證明。

　　　十一、解釋工程上一切糾紛及疑問。

第二條: 委託人應付給建築師之酬金爲全部造價

　　　按照下列期限分期付給之。

　　　第一期　訂立委託契約時付酬金百分之十(根據全部工程之概算核計)。

　　　第二期　勘測規劃圖擬就經委託人同意時付酬金百分之二十 (根據全部工程之概算核計)。

　　　第三期　詳細設計圖完成時付酬金百分之四十 (根據全部工程之概算核計)。

第四期　委託人與營造業簽訂營造契約時付酬金百分之十（將前四期概算與實數之差額結清之）。

第五期　工程半數完竣時付酬金百分之十。

第六期　工程全部完竣將全部應得酬金結算付清之。

附　註：一、委託人僅委託勘測規劃時應於第二期全部付清酬金。

　　　　二、委託人僅委託勘測規劃及詳細設計時應付全部酬金百分之八十。

第三條：本契約條文如有未盡處悉依內政部核定之建築師公會建築師業務章則辦理之。

第四條：本契約正本兩份分交委託人與建築師各執一份存照。副本　份。

委託人　　　　　　　　　　簽名蓋章

地　址

電　話

建築師　　　　　　　　　　簽名蓋章

地　址

電　話

中 華 民 國　　　　年　　　　月　　　　日

第四章　工程契約必要文件

　　工程契約乃業主與承攬廠商雙方所訂立之書面證據，產生法律上效力。其應附之必要文件，須視工程種類、性質、及規模而定，一般契約應包括契約書、特訂條款、設計圖、標準規範、補充說明等，玆予分述如次：

4-1　契約書

4-1-1　契約書之定義

　　契約書（*Contract-note*）為業主與承包商所簽訂之合法書面協議文件（應包括各種必要文件）。以說明雙方之權利與義務，包括（但並不限於）承包商之履行契約，及提供勞力與材料，俾使工程完工。業主亦有義務根據雙方訂定之價格（包括捐稅）支付承商。

　　有時「契約」與同意書（*Agreement*）被視為同義字。是則，當其被引用時，無論任何一處，均須參考全部同意書或所有契約文件。

4-1-2　契約之本旨

　　契約除其原已有所規定外，尚包括工程之施工、竣工與養護（或保固）以及對所有人力、材料、施工機具、臨時工作與一切臨時性或永久性之需要，以及為該工程施工、竣工與養護所需每一事物，不論其已規定於契約內，或係自契約作合理之推斷而得者，均須予提供。

4-1-3 契約書之格式與內容

工程契約並無標準格式，視業主之偏好與工程性質而定，通常內容包括工程名稱、工程地點、造價、工程期限、承攬廠商、建築師、供給材料等。玆將政府機關一般使用之契約範式例示如次：

工 程 契 約

業主名稱　　　　　　（以下簡稱甲方）為對　　　　　工程交由承攬人（以下簡稱乙方）承辦經雙方同意訂立本契約如下：

一、工程名稱：

二、工程地點：

三、工程範圍：詳見附件圖說。

四、工程總價：本工程造價為新臺幣　　　　。乙方認為並無漏估項目或數量，標單內原列項目及數量係供審晉及參考之用，乙方決不藉任何理由要求加價並願照本契約造價及圖說規定全部完工。

五、付款辦法：本工程付款辦法依下列之規定。（如工程進度較之預定進度有遲緩時甲方有權暫行停止計價付款）

　　1.建築工程：(1) 材料款：自開工之日起每十五天結付一次（參照材料明細表所列數量單價付給到場材料價值百分之八十）由承包人列單經監工人員驗證並經複驗屬實後核付。

　　　　　　　　　(2) 工資：自開工之日起每十五天按照實際施工工數並參照工程進度表及人工明細表核付百分之八十。

　　2.土木工程：自開工之日起每十五天估驗一次（參照工程進度表及明細表所列數量單價按實際完成部份核付百分之八十）由承包人列單經監工人員驗證並經複驗屬實後核付。

　　3.稅捐管理等費：按照上述工程給付之工料或估驗款總數之比例給付。

4. 全部工程完工給付全部工程款之百分之九十。

5. 驗收合格後給付全部工程款之百分之九十八。

6. 建築物使用執照領到後結付尾款（如純係土木工程毋需請領使用執照者得併同驗收合格時一併結清尾款）

六、工程期限：1. 開工期限：乙方須於簽訂契約之日起五日內開工（如須請領執照或須經特准許可者自領到執照或許可證件之日起三日內開工）。

2. 完工期限：　　　　完工，逾期按日罰全部造價千分之三之罰款，甲方得於應付工料款或保證金內扣除之。

3. 因故延期：因變更設計工程數量增減而須延長或縮短完工期限者須於事前先由雙方議定之，如因天災人禍或法令限制確非乙方人力所能挽回，甲方得根據所派監工員之報告酌予增補期間。

七、工程變更：本工程所需工料如有未盡載明於圖說內但為工程技術上所不可缺者，乙方均願照做，絕對不得要求變更原定造價，惟確屬增改或變更計劃乙方須在工程未進行前開具增加或扣減價格清單經甲方認可後方得進行，所有工料價應按照本契約所訂單價，比例伸縮核算應增或應扣之數，除依議價方式辦理另有協議約定者外應俟全部工程完工驗收合格後一併結算工款。

八、施工管理：1. 乙方對於工程所在地建築法規或條例須一律遵守，並向當地工程主管機關出資領取必須之施工執照及一切許可證件。

2. 施工期間乙方應於工作地點日間設置紅旗，夜間點掛紅燈或加防護設施，對於工地附近人畜及公私財產之安全均應由乙方預為防範，工程進行期間如有損及公私建築或路面或溝渠或街道上面下部之水電線管或私有林木等設備及人民生命財產之處亦統歸乙方負責賠償。

3. 本工程之施行，悉須依照契約所訂條款設計圖樣及施工說明書以及甲方監工員之指示為準。

4. 本工程所需用之材料經建築師或甲方監工員認為不合格者乙方即須搬運出場，其所僱之工人必須具有工作技能倘不善工作或不聽指揮或不守秩序經建築師或甲方監工員通知後乙方應於廿四小時內予以撤換不得再用，並不得以辭退工人為理由向甲方要求賠償損失。

5. 所有機具設備均需經建築師或甲方監工員驗看認為合格者方得使用，不合格者卽須遷出場外，惟業經認可之一切在場機具新舊材料未經甲方同意不得携出，施工場地內有價值之物件或在工地地土下面掘出之物件為乙方所發見者應妥慎保管並報由甲方處置。

6. 乙方須派有工程經驗之負責代表人常駐工地督率施工，並須聽從建築師或甲方監工員指揮，如該負責人不稱職經建築師或甲方監工員通知後乙方應立卽撤換並不得藉故向甲方要求賠償損失。

7. 乙方負責所有工人之管理及給養工人如有規外行動及觸犯地方治安條例所引起之糾葛概由乙方負完全責任，如工人遇有意外或傷亡情事，由乙方自行料理與甲方無涉。

8. 乙方在工程期間內無論何時須延僱適合工作需要之工人其人數以建築師或甲方認為可在合同規定期間內竣工為準，如因工程遲緩甲方得通知乙方增加人數或加開夜班趕工以達如期完成之目的，乙方不得推諉或藉詞要求補償費用。

9. 本工程重要部份經建築師或甲方監工員查有與圖樣及說明書不符之處，得責令乙方立卽拆除並依照規定式樣或工料重建滿意為止，所有時間及金錢之損失概歸乙方負擔。

10. 凡遇不適宜工作之天時乙方應遵照建築師或甲方監工員之指示將工作全部或一部份暫停並須設法保護已完成之工作免使損壞。

11. 本工程乙方不得無故停工或延緩履行本契約，如有姑違經甲方通知後三日內仍未照辦，甲方得一面通知乙方保證人一面另僱他人繼續施工，所有場內之材料器具設備統歸甲方使用，其續造工程之費用，延期損失等甲方得由工程造價及本工程保證金內扣除之，不足之數應歸乙方負擔，保證人負連帶賠償責任，至乙方已做部份工作則由建築師，或甲方監工核算已做工程取用之工料價值經甲方認可照數清結並由甲方接收本工程乙方不得異議或要求賠償損失。

12. 本工程在未經正式驗收交付甲方接管前所有已做工程以及存放於工地之機具材料概由乙方負責保管與防護，凡一切人力難防或意外損壞皆由乙方完

全負責。

九、保固期限：本工程驗收合格後乙方應負責保固一年如在保固期內發現不良情
　　事經建築師或甲方認為係由工作欠妥或用料不佳所致者乙方應負責修復不得
　　推諉凡由此而引起之一切損失均由乙方負完全責任。如因乙方之過失因而發
　　生重大瑕疵時，得依民法之規定辦理。

十、保證責任：本工程乙方應覓具經甲方認可之殷實舖保二家，保證人對於乙方
　　所負本契約之一切責任均連帶負其全責，倘乙方不能履行本契約各項規定，
　　一經甲方通知保證人應立即負責代為履行並賠償甲方所受之一切損失，乙方
　　及保證人自願拋棄民法第七四五條之權利。

十一、契約附則：1. 本工程之設計圖樣及施工說明投標須知暨保證書等均屬本契
　　約之附件且與契約具有同等效力，乙方對於以上各件認為已完全明瞭並無疑
　　問或誤解之處，切實遵守辦理。

　　2. 乙方未經甲方許可不得將本工程之全部或一部轉包或讓包與他人承包。但
　　照工程向例可予分包者不在此限。

　　3. 乙方遇有意外事故，不能負擔本契約上之責任時，應由保證人代負其責，
　　所有甲方另雇他人續造之工料價及一切損失，仍應由乙方負擔，保證人並
　　負連帶賠償責任，其結算費用依照甲方開列數額決無異議。

　　4. 工程完竣所有工地廢料什物及臨時設備，應由乙方負責清除整理完畢，驗收
　　時如發現工程與規定不符，應遵甲方通知限期修正，逾限甲方得依本契約
　　第八條第十一款規定代為雇工辦理，其費用得在乙方應領工程款內抵扣，
　　不足之數仍應由乙方及保證人共同負責。

　　5. 乙方逾規定期限尚未開工，或開工後工程進行遲緩，作輟無常或工人料具
　　設備不足，甲方認為不能依限完工經甲方通知後仍未改善時，除得依本契
　　約第八條第十一款之規定由甲方清算費用接管工地外，乙方應即停工負責
　　遣散工人，並將在場材料工具等交由甲方使用，無論甲方自辦或另行招商
　　承辦，應俟工程完工時再行結算，倘有短欠或甲方因此所受一切損失應由
　　乙方或其保證人負責賠償。

十二、契約附件：本契約正本二份雙方各執一份，副本　　份，由甲方分存　　份，

乙方分存　份，每份契約附件有投標須知一份，設計圖樣全份　張，工程施工說明書一冊，詳細價目單一份共　張，單價分析表一份　張，材料明細表一份　張，人工明細表一份　張，工程預定進度表一份，保證書二份，保密防諜保證切結一份。

甲方代表人：
乙方承攬人：
　　住　　址：
保　證　人：
　　住　　址：
保　證　人：
　　住　　址：
建　築　師：
　　住　　址：

中　華　民　國　　　　　年　　　　　月　　　　　日　訂立

4-1-4　契約之界限與廠商間合作

業主與承包商應將工作之範圍明訂於契約中。尤其是將一工程分別發包予數家廠商承辦時，更應注意，俾使彼此間能充分合作，並免妨碍與干擾，通常在契約中規定如次：

1.　其他包商之契約與工作——業主於任何時期內，皆保有契約工地範圍內，或其附近另行訂約建造其他附加工程之權。

2.　合作——承包商在工程師認為其能適度進行工程施工之需要下，應工程師之要求，將工作機會給予以下人等：業主僱請之其他承包商及其工作人員，可能在本契約工作附近承包業主工程之單位

之工作人員。

3. 妨礙與干擾——每一承包商應妥善安排工作場所，以及材料之堆置與廢棄，以免妨礙或干擾其他承包商之工程進度或工程完工。

4. 與其他工程之連接——每一承包商應將其承建之工程，與其他承包商所承建之工程，其連接部份妥為整修至工程師認可之程度，且須按適當之次序執行之。

5. 債務——每一承包商應對契約有關之財務或其他類似事項負全責，務期不使業主因不便或延誤而引起之一切損害或求償，以及因其他承包商在契約工程之範圍內或附近進行施工而遭受之損失。

6. 提供服務之給付——若承包商應工程師之書面通知，提供其他承包商、業主、或其他機構使用承包商本身養護之道路，或使用其在工地之鷹架，或設備或提供其他任何性質之服務，則業主應承認工程師之意見，以適當之款額給予承包商。

4-1-5　補充契約與協議

所謂**補充契約**，乃業主與承包商對工程之增減、變更、或任何為合格完成施工與養護工程所作必要之協議及約定。此種由雙方同意簽訂之書面文件，作為原契約之延伸，或稱之為「附約」。補充契約書之內容，其涉及之事項多與原契約有關，為簡化計，自可依照辦理，不必再予重複贅述。惟在補充契約書必須申明：「除本補充契約（或附約）所規定外，雙方於某年某月某日所訂契約（以下簡稱為原約）繼續有效。」以及「本附約中雙方之所有權利義務，悉依原約為準。」等類似之詞句，以示原約與附約之相關性。

4-2 基本與特訂條款

4-2-1 基本條款 (*Basic Conditions*)

乃一般契約必須具備之要件，其內容包括：

1. 契約雙方當事人之名稱、地址；
2. 工程地點及其範圍；
3. 工程總價；
4. 工程期限等。

4-2-2 一般條款 (*General Terms and Conditions*)

乃契約之主要條件及項目之補充說明，其中多爲適合於一般需要之共同性項目。例如：

1. 付款辦法：計價付款或分期付款；
2. 工程期限：開工期限、完工期限、因故延期；
3. 工程變更；
4. 施工管理；
5. 保固期限；
6. 保證責任；
7. 契約附則；
8. 契約附件。

4-2-3 特訂條款 (*Special Provisions*)

爲明文規定之特別指示及要求，該項條款僅適用於某特定計劃或修正施工標準規範，均應視爲該計劃有關契約文件中之一部份。例如

一契約同時包括一個或兩個以上之獨立單項工程之處理；工程總價在物價波動時，採取「浮動價格」計算；責由承包商負責施工時對隣近建築物之安全以及損害賠償等不同與一般契約規定之特訂條款。玆例示如次：

工程一般規範增訂條款 (範例)

本條款限用於一個契約內包括一個或兩個以上獨立之單項工程，而各單項工程因故不能卽時或同時開工之工程，此係一般規範之附屬條款，與本契約具同等效力。

一、本契約工程內計分　　個單項工程，每一單項工程均具獨立完整性，其個別之先後開工日期應以甲方之書面通知爲準。其工期分別訂明如下：

  (1)　　　　　　　　　　工程，應於開工後　　　　　日曆天內完成。

  (2)　　　　　　　　　　工程，應於開工後　　　　　日曆天內完成。

  (3)　　　　　　　　　　工程，應於開工後　　　　　日曆天內完成。

  (4)　　　　　　　　　　工程，應於開工後　　　　　日曆天內完成。

二、本契約工程內各單項工程之實際竣工日期若相距甚遠，則可按竣工先後順序分別辦理結算驗收，惟辦理最後一次結算驗收時須另加附全部契約工程之總結算表。

三、本契約工程內各單項工程若分批驗收，則已驗收合格工程之保留款卽先行計價支付。

四、本契約工程內各單項工程若分批驗收，其已驗收合格之工程卽由業主接管，保固期亦分別自驗收合格之日起算。

五、本契約工程內各單項工程若分批驗收，則契約所訂之各項保證金保證書亦可按比例分批予以解除。

六、本契約工程內各單項工程若分批施工，則業主提供材料應分批按實需數量申請，不可使先竣工之單項工程在工地剩餘過多之業主提供材料，長期留待其餘單項工程之使用，尤以供給之水泥爲最，工地若有剩餘業主提供水泥，則

應盡速協調業主調撥他項工程使用（運費由本契約工程承包人負擔），以免
日久硬化，如工程承包人處置不當，致使甲方遭受材料損失，則工程承包人
應負賠償之責。

七、本契約工程訂約後若由於甲方或乙方而為甲方所核准之理由暫時不能立即開
工，但為確保工程能如期順利完成，免受器材採購時限影響，特訂明有關工
程預付款之支付及使用辦法如下：

(1) 工程承包人於簽約後先提送採購器材種類、數量及價值之採購計劃日程
表，經本局認可後方得領取工程預付款，本項所稱計劃採購器材之價
值，應相近於預付款之金額。

(2) 承包人領取工程預付款後，如未按原送計劃採購日程表辦理採購時，業
主得通知預付款保證人於十日內無條件退還預付款，工程承包人并須自
行負擔該計劃採購器材，此後物價波動影響之責（即嗣後工程計價款若
有調整時應扣除預付款部份再行計算），若承包人為公營機構，則通知
其保證人負責糾正。

(3) 工程承包人如按照計劃採購日程表完成採購，并運抵工地妥為存儲，得
按照進場未用材料先行給付75%計價款。

4-3　設計圖

4-3-1　設計圖之要求

工程之設計圖，例由業主提供。須明確標示全部構造設計之平
面、立面、剖面及各構材斷面、尺寸、用料規格、以及彼此間相互
配合關係；並能達到明細周全，使承包商依圖施工時不會發生疑義為
度。繪圖應依公制標準，一般構造尺度，以公分為單位；精細尺度，
得以公厘為單位，但須於圖上詳細註明之。

契約中所附之設計圖，常為建築主管官署核准之圖樣，茲列示如

次：

1. 地盤圖（基地境界線、建築線、臨接道路之寬度及境界線、建築物之大小及配置、方位、比例尺等，均須註明。）；

2. 各層平面圖（各部份之用途、尺寸、房間之面積、採光面、換氣設備、方位、比例尺等，均須註明。）；

3. 剖面圖（建築物之高度、簷高、樓層高度、樓地板高度、天花板高度、樓梯、基礎、道路寬度、比例尺等，均須註明。）；

4. 立面圖（正面、背面及側面；註明比例尺。）；

5. 主要部份之註圖（註明比例尺）。

　　前項地盤圖之比例尺為1/50、1/100、1/200、1/300或1/600。主要部份詳圖為1/10或1/20。其餘為1/50、1/100或1/200。

4-3-1　承包商提供之圖樣

　　享有專利權或特殊結構物，業主無法提供詳圖者；或採用統包式（*Turnkey*）契約者，每不隨附詳圖，但於訂立契約後，承包商應提供施工圖樣，並須經過業主之核准，交付執行。此項契約之規範，常僅限於工作之普通說明，及承包商對於效果之保證，而不詳載構造或方法之細目；容或由廠商於投標時檢附，以供業主比較俾作有利之選擇。

　　一般契約均規定，為詳細顯示臨時工程及提供施工方法，承包商應準備施工圖樣。有關之臨時工程、鷹架及施工設備之一般性，均應詳細繪製圖樣。施工圖樣應於施工前檢送工程師，使其有充份時間審查。但此項審查或同意，不論其有無加以修改，均不得解除契約條款所加於承包商之任何責任與義務。

4-3-3　工程師之補充圖樣

　　契約中所附之圖樣，雖已周全，但仍難免掛一漏萬，爲使工程能順利進行，工程師具有依約賦予之全權，供給承包商補充圖樣或說明。該補充之圖樣或說明，乃係適當完成與養護本工程所必需者，承包商應確實遵守其約束。

　　承包商應將業主所提供之圖樣，在放樣工作進行前全部加以比較核對，對任何矛盾處應立卽通知工程師。所有尺寸應以圖上所標示者爲主，而以比例尺量得圖形之大小尺寸爲次，並以大比例尺圖樣控制小比例尺之圖樣。當計量受現有之實際情況影響時，雖圖上已註有比例尺寸或圖形大小，承包商仍須按工程師之指示依實際度量爲準。對於圖樣之尺寸如能經適當核對，卽可避免之錯誤，承包商應審愼處理，並應負責。

4-4　標準規範

　　規範 (*Specifications*) 爲一書面指示，規則與要求之主體，用以規定履行計劃工程所採取之程序、履行之方式、施行之方法、以及所用或提供材料之品級與數量。所謂標準 (*Standard*)，係品質、規格、作業標準等之總稱。規模較大之工程（例如桃園國際機場工程、高速公路工程等），威將規範分成一般規範與技術規範兩種。

4-4-1　一般規範

　　所謂一般規範 (*General Provisions*)，爲全部契約文件之一部份。蓋規模較大之工程，其規定之條款必多，如悉予列入契約書內，諸多不便，故將之訂入一般規範中，以利查閱。其內容通常包括：

1. 術語之定義;
2. 投標規定與條件;
3. 決標與簽約;
4. 工作範圍;
5. 工作控制;
6. 材料控制;
7. 法律關係與責任;
8. 工程實施與進行;
9. 計量與付款。

4-4-2 技術規範

所謂**技術規範** (*Technical Provisions*),爲技術方面之指導、規定、與要求,構成技術規範。通常將之分成土木與建築兩大類:

1. 土木工程技術規範——土木工程乃一總稱,其範圍包括公路、鐵路、水利、港灣等,其規範之內容係就其特性而擬訂,但一般項目均大同小異,無甚差別。茲將高速公路所採技術規範之綱目,列示如次:

   1. 整地工程;
   2. 土方工程;
   3. 借土坑及採石場之材料生產與儲存;
   4. 基層;
   5. 底層;
   6. 地瀝青透層及粘層;
   7. 地瀝青混凝土之一般要求;
   8. 水泥混凝土之一般要求;
   9. 路面與表面處理;

    10. 構造物;

    11. 排水構造物;

    12. 各種雜項構造物;

    13. 鋼料;

    14. 道路工程中各項雜項工程;

    15. 水土保持;

    16. 電氣工程;

    17. 辦公室與實驗室;

    18. 車輛之供應;

    19. 材料。

2. 建築工程技術規範——建築工程之規範，較爲單純，一般常用者，其內容綱目如次:

    1. 總綱;

    2. 挖方、填方及回填工程;

    3. 基樁工程;

    4. 無筋混凝土工程;

    5. 鋼筋混凝土工程;

    6. 圬工;

    7. 墁灰工程;

    8. 木作工程;

    9. 油漆工程;

    10. 陶磁磚工程;

    11. 磨石子工程;

    12. 大理石貼面工程;

    13. 玻璃五金工程;

    14. 屋面工程;

15. 鋼架及鋼骨工程;

16. 道路工程;

17. 門窗工程;

18. 排水溝渠工程。

4-5　投標書及附錄

4-5-1　投標書

　　所謂**投標書** (*Proposal Forms*)，爲投標者按照規定之程序與表格所提出之投標文件。該投標書須考慮提供所有勞務、機具與材料之供應，須在規定之時間內，按契約之條款與條件合格完成規定之工程，而開列其投標書中之各項價格。投標書必須標明工程名稱、標號、施工地點、及工程簡述，並應檢附各種投標文件，如標單、單價分析表、投標切結書等，於規定時間內，連同押標金，按規定之程序遞送。一般投標書送達業主之後，不得撤回與修正，其目的似在維持投標之秩序及防止圍標。茲將投標書範式列示如次:

投　標　書 (範式)

受文者:

敬啓者:

一、吾等對＿＿＿＿＿＿＿＿＿＿＿＿＿＿工程之工地已予勘察，投標書亦詳細研閱，對其中各項條款及條件與吾等之責任與義務均已深刻瞭解，且感完全滿意而參加投標。謹按投標書之規定，且按投標書之條款、條件及要求，擬定上述工程全部施工及養護所需之總金額如下:

新臺幣＿＿＿＿＿＿＿＿＿＿＿＿＿＿＿＿＿＿＿＿＿元整

　　　　　　　(金額用中文大寫)

(新臺幣$. _____
　　　　　(金額用阿拉伯數字填寫)

二、吾等茲收悉投標書之各項補充說明如下：

　補充說明第　　　號　　簽發日期　　年　　月　　日

　補充說明第　　　號　　簽發日期　　年　　月　　日

三、吾等若能得標，則於接獲貴＿書面決標通知日始拾伍（15）日內與貴＿簽訂契約。

四、吾等若能得標，則於簽約時當按貴＿規定，提出貴＿認可之履約保證金與支付保證金，該兩項保證金之數額各不低於上開契約總金額百分之拾（10％），若吾等未能履約時，保證人（銀行）與吾等負共同連帶之責任。

六、吾等若能得標，則於接獲貴＿書面"開工通知"之日起，立卽開始施工佈署，並於規定開工日期之日起拾伍（15）日內卽行開始施工，且於附錄"甲"所規定之完工日期內完工。非經貴＿核准，不得延長工期。

七、吾等謹按附錄甲規定送上 _____作爲本標之
　　　　　　　　　　　（填入保付支票，銀行保證金保證書）
押標金。吾等若對簽訂契約有推諉拒絕情事，或不按規定提出所需之支付保證金及履約保證金時，則該項押標金任由貴＿沒收。吾等放棄任何先訴抗辯權。

八、吾等瞭解貴＿對投標書內標價及其它因素經審查後以最有利於政府者爲決標原則。貴＿對任何投標書，有權接受或拒絕。

九、吾等知悉並同意，詳細價目表中之單價及複價，乃按照投標書規定所必須塡寫者，其預估數量一項係用以建立一致之標準，作爲各投標書間比較之用。至於差額補償之計算，應按"一般規則"，以實際合格完成之工程，與詳細價目表中估計數量間之差額核算。

十、隨附附錄甲，並視爲投標書之一部份。

十一、上開各點，自貴＿所定截止收受投標書之日起，陸拾天內有效。

投標代表人簽章：

　姓名：　　　　　　　　　　　　（簽章）

職稱:

辦公地址

電話:

投標廠商:

廠商名稱:

| 廠 商 |
| 印 章 |

地址:

電話:

總經理:　　　　　　　　（簽章）住址:

（或廠商法定負責人）

中 華 民 國　　　　　年　　　　　月　　　　　日

4-5-2　投標書附錄

投標書附錄，通常係摘自投標須知及有關文件之重要事項。若此等重要事項已明確列入投標有關附件，或已在投標書中提及，則此種「附錄」之有無顯無關緊要。茲列示如次:

投標書附錄“甲”（範式）

_____工程

履約保證金	合約總價百分之____（____%）。
支付保證金	合約總價百分之____（____%）。
第三者最低保險額	新臺幣_____元正。
開工日期	簽約當天簽發“開工通知”規定開工日期，不得多於___天。
	承包商應於規定開工日期之日起_____日內正式施工。
預付款	契約總價百分之____（____%）。
保留款	每期估驗款之百分之____，但不得超過契約總價百分之___。

竣工期限　　　　規定開工日起＿＿＿＿天。

逾期賠償金　　　逾期每天為新臺幣＿＿＿＿＿元正。

養護期　　　　　十二個月

謹知悉上述資料為本投標書中條款與條件之一部份。

投標者簽章　　　（須與投標書上之簽章相符）

中 華 民 國　　　　　　年　　　　　月　　　　　日

4-6 標　單

　　標單（*Bid Forms*）或稱**估價單**，　由業主交由承包商填寫投標時
所用之報價文件。通常分為**概括式**與**列舉式**兩種。所謂概括式即不附
明細之報價，亦即投報**總價**。列舉式標單，或稱之為**詳細價目表**，其
編製方式，又可分為工程單位式、工料分列式、及綜合式三種。由於
廠商自行估算之數量，錯綜不一，　業主方面或審核人員不易互作比
較，多改用統一標單，即由業主提出名稱，及數量等資料供給廠商參
考，　或硬性規定不得塗改，　如有不足或多列時得在單價內，　自行調
整。若發包時，包括一個或兩個以上之獨立單項工程時，應採用**標單
總表**或**總標單**，以便處理。茲將標單及其總表之格式，列示如次：

標　單　總　表 （範式）

本業主欄由寫	工程名稱	
	工程編號	
	預算編號	

第＿＿＿＿頁共＿＿＿＿頁

本投標人對　貴＿＿＿＿＿＿＿＿＿＿＿＿＿＿＿＿工程之工地已予勘察，
全部投標文件及補充說明等，亦經詳細研閱瞭解且感完全滿意而參加投標。
上述工程之標價總額爲

新臺幣＿＿億＿＿仟＿＿佰＿＿拾＿＿萬＿＿仟＿＿佰＿＿拾＿＿元＿＿角＿＿分整

項次	工　程　說　明	價　　　額 (新臺幣元)	備　　註
1.			
2.			
3.			
4.			
5.			
6.			
	標　價　總　額		

全權代表人：

姓　　名＿＿＿＿＿＿＿＿＿＿＿＿（簽章）

職　　稱＿＿＿＿＿＿＿＿＿＿＿＿＿＿

辦公地點＿＿＿＿＿＿＿＿＿＿＿＿＿

電　　話＿＿＿＿＿＿＿＿＿＿＿＿＿

投標人：

廠商名稱＿＿＿＿＿＿＿＿＿＿＿＿＿

法定負責人＿＿＿＿＿＿＿＿＿＿（簽章）

地　　址＿＿＿＿＿＿＿＿＿＿＿＿＿

電　　話＿＿＿＿＿＿＿＿＿＿＿＿＿

印　　章

中　華　民　國　　　　　　年　　　　　月　　　　　日

標 單 (範式)

本欄由業主填寫	工程名稱	
	工程編號	
	預算編號	

日期: 民國＿年＿月＿日

第＿＿＿＿頁共＿＿＿＿頁

項次	工 作 項 目	單位	預估數量	單價（元）	複 價（元）	備註

投標人簽章:

第五章 投標須知與補充說明

5-1 投標須知

　　辦理營繕工程或採購物品，主其事者，先將招標事項公告於衆，凡合乎其所規定之條件，而願訂承辦工程或供應物品之契約者，均可書面報價，投函陳述，俾選定價目最適宜者，與之訂約，此卽所謂投標 (Bid)。發包一方於投標前，供給有關投標之條件與說明之文件，稱之爲投標須知 (Instructions to Bidders 或稱投標指示)。其內容通常包括對計劃工程之敍述，及對投標者說明關於投標書、押標金、圖樣、施工規範及業主保留，或拒絕接受任何一項或全部投標書之權。

5-1-1 投標須知之內容

投　標　須　知 (範例)

一、**投標者之資格** 凡經　　　　工程局（以下簡稱本局）**審查後邀請之營造廠商**，可申購投標文件參加本工程之**投標。**

二、**投標文件** 廠商申購之投標文件，**包括下列各項：**

投標須知

授權書（規定表格）

投標切結書（規定表格）

主要人員名册（規定表格）

機具設備明細表（規定表格）

押標金保證書（規定表格）

支付保證金保證書（規定表格）

履約保證金保證書（規定表格）

預付款保證金保證書（規定表格）

保留款保證金保證書（規定表格）

詳細價目表,

投標書與附錄"甲"（規定表格）

契約書（規定表格）

施工標準規範

特訂條款

工程圖樣

投標者應詳細核對上述資料是否齊全, 若有任何欠缺, 應卽通知本局。

三、投標切結書　投標者須塡具"投標切結書"乙份附於投標書中, 其格式如附件所示。

四、塗擦與更改　投標文件表格均不得塗擦, 若需更改, 則更改處應由投標者簽署蓋章。

五、安全保密　各投標者在開標之前須將投標資料列爲密件處理, 此擧乃爲投標者之利益着想, 若投標資料有提前洩露, 或投標書未寫正確地址與註明適切之標誌等情事, 以致未予列入考慮時, 本局槪不負責。

六、貨幣及價格　一切報價均以新臺幣爲準。

七、投標費用　投標者爲準備投標及投遞標單所耗之費用, 或招致任何損失, 槪由投標者本身負責, 與本局無關。

八、鑽探調查資料　鑽探調查之紀錄或任何類此之抄錄資料等, 並非契約文件之一部份, 僅爲應投標者之申請而發作爲參考之用。鑽探調查雖極謹愼, 且係根據工程實際慣例爲之, 但絕不明確（或暗示）保證所得之資料, 必爲施工時將遭遇之實際狀況。所有鑽探及土壤試驗調查之紀錄, 僅適用於

該次特殊之鑽探及調查，而非表明其周圍任何土壤物質之性質。投標者如因對鑽探試驗紀錄或任何類似資料中有關土壤之類別、性質、數量、及品質之釋義，而遭致任何損失時，由投標者自行負責。

九、工地說明　本局將邀請投標者參加工地說明，惟並非強制性質，僅使投標者瞭解現場並有機會向本局（或工程司）提出有關工程計劃之疑問而已。

十、工地勘察　本局鼓勵投標者自行前往工地，勘察四周環境，俾有深切瞭解。蓋其所提出之投標書，將視為業已詳細研究工地，對施工之工程與所用材料之性質、品質及數量均已認清，且已得到可能影響施工之有關災害、意外事件、或其他情況之必要資料。投標者在投標前，應先瞭解下列情況：

(一)現有建築物、管線、電纜、道路、溝渠、灌溉水道及排水道。

(二)面層與下層土壤之性質，及岩石之所在與其特性。

(三)地下水之存在與性質，及其變遷之可能性。

(四)現有之地面高度及坡度。

(五)氣候狀況，包括颱風、地震、山崩之次數，強度及季節性。

(六)河川水流及一般地面水之可能變動與趨勢，以及洪水災害。

(七)受契約工程之影響或牽連可能導致之權利與利害關係。

(八)因契約工程暫時需要之土地及建築場地之可用性與適宜性。

(九)測量儀器及施工機具應施以必須之維護，免受水之侵蝕，使能適宜而及時完成工程。

(十)出入工地之途徑。

(十一)各項工程及臨時工程所需之全部材料，是否能足量獲得及其獲得之方法。

(十二)可能影響投標之其他一切特殊情勢、災害、意外事故及環境。

投標者若草率勘察工地，或未能或拒絕勘察工地，以致不能瞭解投標文件之內容及熟知上述各注意事項時，不得藉詞推卸其應適當估計工程費用之責任。亦不得因未瞭解投標文件之內容，或未熟悉工地之特性，而請求補償。勘察及測定工作之費用與責任，均由投標者自行負擔。

十一、文件之解釋 投標文件之一切文義，由投標者自行負責解釋。惟於投標期間，若投標者對投標文件之任何部份有疑義時，得以書面函請本局解釋之。口頭詢問，僅得於工地說明時提出。本局之釋疑將以書面答覆，並應分送各投標者。除投標文件已列明者外，投標者不得提出任何附有條件之投標書。附有條件之投標書概不受理。

十二、不當之解釋 除另有正式書面解釋或說明外，無論工程司或其代表，或本局之員工，均無權對各種投標文件之意義，作任何口頭之說明或解釋。任何口頭說明或解釋，均對本局無任何約束，或限制其在合約規定內自由行使其職權。

十三、補充說明 在規定開標日期之前，本局得向已獲得投標文件之廠商或代表人，發送書面補充說明。該書面補充說明，對於原投標文件之條款或規定可以增減或修正。投標文件之內容與書面補充說明有牴觸時，應以書面補充說明為主。投標者應視書面補充說明為正式投標文件，並於投標書中註明該補充說明業經收悉字樣。

十四、資料未悉 投標者本身無論因何種原因致未獲得有關工程之施工、完工、及保養等之可靠資料，承包時仍應擔負契約中所有應負之責任。一切悉以契約為依據，承包商不得因本局、工程司或其他任何人等之說明、承諾、或保證，而要求增加履行契約之費用；亦不得因契約文件中之估計不實，記載錯誤，或遺漏所造成之損失而要求賠償。

十五、材料保證 在決標之前，本局得要求投標者提出完整之文件，說明欲用於工程施工之任何或全部材料之產地、成份及廠牌，亦得要求提供材料樣品，藉以試驗其品質是否適於該項工程。提供材料表及樣品之費用，由投標者負擔。

十六、數量與單價 投標者應正確填寫投標書及詳細價目表中之單價。除契約文件中另有規定外，其所投之標價，須足以支付契約規定之各項負擔，以及為適時完成與養護該項工程所需之各項費用。

十七、預估工程量 "詳細價目表"中各項工程之預估數量係為投標而設，故僅作投標、比價及決標之用。承包商不得認定該預估工程數量即為實際精確之

最後完工工程數量，以爲履行契約所負責任之依據。本局絕不認爲實際工
程量將符合預估工程量，故承包商不得因此等工程量之出入，發生誤
解，或認爲受欺而抗辯。對承包商支付工程費時，亦僅按契約規定所施工
之實際工程量，及所供應之實際材料數量付款。承包商必須瞭解契約各工
程項目之施工量，及材料供應量，得增加、減少、或刪除，任何一種情況
均不得謂契約失效。

十八、各項保證金　本條所述各項保證金，應爲在臺灣地區經本局認可銀行之保
證書或保付支票，或政府發行之公債且該項公債經政府規定可作保證金之
用者。

　㈠押標金：投標者向本局遞送投標書時，應隨附押標金。押標金之數額見
　　投標書附錄甲。押標金之銀行保證書有效期間自開標日起至少爲六十
　　天，若投標者未繳付足額而有效之押標金，卽係不合規定而取消投標資
　　格。

　　各投標書經核驗比價後，本局除保留三家最低標之押標金外，其他未得
　　標廠商之押標金，退還之期限不得超過開標後陸拾壹（61）天。至於該
　　三家最低標之押標金，須經決標、簽約及按規定繳齊支付與履約保證金
　　後始予退還。投標者之投標書，無論得標與否，概不退回。

　㈡支付保證金：投標廠商於接獲本局決標通知之日始拾伍（15）天內，亦
　　卽簽訂契約前，應將契約總價百分之拾（10％）之支付保證金提交工程
　　局收存，以保證迅速支付爲履行所簽契約及經正式認可之修正條款，而
　　於施工期間所用之裝備、勞工、材料等費用。上述對契約條款之修正不
　　另通知提供支付保證金保證人。

　㈢履約保證金：投標廠商於接獲本局決標通知之日始拾伍（15）天內，亦
　　卽簽訂契約前，應將契約總價百分之拾（10％）之履約保證金，提交本
　　局收存，以保證切實履行並完成契約、附約、條款、條件及所同意之諸
　　事項、與此後可能修改之契約中之一切工程。上述對契約可能之修改不
　　另通知提供履約保證金保證人。

十九、主要人員名冊　投標者應按規定格式提供參加施工之主要人員名冊一份，

並略述其個別之學歷及經驗，填妥後隨同投標書一併封交。主要人員之學
經歷將列爲決標之重要因素之一。

二十、**機具設備明細表** 投標者應按規定格式提供一專用於本工程之機具設備明
細表一份，說明機具之名稱、性能、廠牌、型式、製造年份、可供使用之
數量、置放地點、及全部供應時之總數量。填妥後，隨同投標書一併封
交。該項明細表，係用於評估是否足供建造其所投標工程之所需，俾於在
限期內完成。故該明細表爲決標重要因素之一。得標後，承包商必須提供
該明細表所列之機具設備。爲使工作能及時切實完成。若本局要求承包商
提供表列以外之機具時，承包商亦應如數提供。

廿一、**投標**

㈠投標書之遞交：投標書應記載詳盡，保持完整，並加蓋印章後，連同押
標金、主要人員名册、機具設備明細表及切結書等，一併密封裝於專用
標封內，派遣專人，持交本局。本局於收到投標書時卽開具收據交送件
人收執。受理投標書之時間與地址載於"投標邀請函"中。任何投標書在
規定時間以後送交者或交郵寄遞者，概不受理。致送投標書必須使用印
有投標標記之專用標封，否則可能導致該投標書提前開拆或不予開拆。

㈡投標所需之文件：投標書中包括下列各項文件，投標前應逐一填妥並加
簽章：

1. 投標切結書

2. 押標金保付支票或銀行保證書

3. 主要人員名册

4. 機具設備明細表

5. 詳細價目表，附三項要件：

   (1)按日計值人工費明細表

   (2)按日計值材料費明細表

   (3)按日計值機具費明細表

6. 投標書（附附錄甲）

   投標者應謹慎檢查上開文件，是否已逐一簽章，尤應注意是否均已裝

入投標專用標封中。

㈢不合規定與拒絕接受：如有下列情形之一者，投標書卽視爲不合規定，並拒絕接受。

1. 投標書不使用規定之表格，或擅予修改規定之表格，或成册之表格散落者。

2. 附有超出規定以外之文件或條件，或具有選擇性之投標，或有任何不合規定之事項，以致投標書內容不全，意義含混不明者。

3. 投標者附加任何條款以保留其接受或拒絕得標或簽約之權利與義務者。

4. 各項付款項目之單價未予列出者。

5. 同一工程之投標書，收到貳份（含）以上係由同一人。同一廠商或同一公司所發，使用相同或不同名字者。

6. 投標者之間相互勾結證據確實者。凡參與此種勾結行爲之投標者，不准參與爾後工程局之工程投標。

7. 未繳納押標金者。

8. 投標書有所更正，而未作適當之簽註者。

9. 投標書內有不合理之單價，經本局判斷有不利於我政府者。

10. 表列之機具設備，本局認爲不足或不適於如期完成本工程者。

11. 有對投標書之條款或要求加以曲解或忽略情事，或投標書之內容有超越契約文件條款與要求之外者。

雖無上述任何一項情事發生，本局得因特殊情形仍有權拒絕任何或全部標單。

㈣投標書表格之填寫：投標者投標時，應使用規定之投標書表格，該表格爲投標文件之一部份。所有指定填寫之處，均應以鋼筆或原子筆填寫正確無誤。投標書中之金額以新臺幣計算。投標者應以中文大寫及阿拉伯數字填寫金額。若中文大寫與數字不相符合時，除非中文大寫有明顯錯誤，均以中文大寫爲準。收到之補充說明，應於預留之空白處，註明收悉字樣。

㈤詳細價目表及按日計值明細表之塡寫: 詳細價目表及人工、材料、機具
設備費之按日計值詳細表, 投標者應適當正確塡寫, 並於每一項表格末
加以簽章。投標人應遵守下列各事項:

1. 詳細價目表及隨附之人工、材料、機具費按日計值明細表, 均應載明
   其報價。

2. 全部單價及預估總額均應以新臺幣報價, 用中文大寫及阿拉伯數字
   書寫。

3. 每一項目之投標單價, 均應以阿拉伯數字塡入"單價"欄內, 同時該項
   單價, 亦應以中文大寫書寫在"單價說明"欄內。

4. "投標單價" 與 "預估數量" 之乘積, 應塡入 "複價" 欄內。每一項
   目之"預估數量", 就投標目的而言認為足夠準確, 然僅於比較各投標
   書時用之。本局得視需要, 保留增加、減少、或刪除"預估數量"之權
   利。

5. 若表示"單價"之中文大寫及數字有不符時, 以中文大寫為準。若投標
   之"單價"與以此單價所計算出之"複價"有不符時, 槪以"單價"為準。
   若該單價之金額有記載不明, 無法理解, 難以確定, 或有遺漏之情事
   時, 則以記載於"複價" 欄內該項目之金額為準, 並以該項目之 "預估
   數量" 除以該項目之"複價"所得之商, 卽為該項目之"單價"。

6. "複價"欄相加之總和, 塡入工程費小計欄內。

7. 按日計值之人工、材料及機具費之明細表, 以相同方式塡妥, 並以按
   日計值之人工、材料與機具設備費複價之和分別塡入小計欄。

8. 詳細價目表及按日計值明細表之小計, 分別以阿拉伯數字塡入詳細價
   目表總表內計其總和, 並將總和金額以中文大寫及阿拉伯數字分別塡
   入投標書標價總額內。

9. 本局若要求備份之投標書時, 亦應以同樣方式塡寫提供之。

㈥開標: 所有收到之投標書, 均按"投標邀請函"中所規定之日期及時間,
於本局舉行當衆開標。如核算複價總和與與標價總額不符時, 取其較低
值, 並於決標訂約時酌理調整之。

(七)投標書數字之改正: 在開標與讀標後, 投標標價總額及單價須經工程局詳加核校, 如核算複價總和與標價總額不符時, 取其較低值, 由本局酌理調整之, 以作爲決標及決定契約各項保證金之依據。

(八)決標: 本局對每一投標者之標價, 予以詳細核算後, 擇取對政府最爲有利之投標者, 決定其得標。得標者應於收悉之日始拾伍 (15) 日內, 與本局簽訂契約, 並繳納所需之支付保證金與履約保證金。

廿二、保留權　本局保留下列各項權利, 而不負任何責任。

1. 廢棄任何非正式之投標書。

2. 拒絕附有變更, 更改或修正技術規定之投標書。

3. 決定最有利於政府之投標者得標。

4. 在契約簽妥前, 任何時間內皆可取銷得標之決定。

廿三、契約書　承包商於接獲決標通知後, 應在規定之時間內與本局簽訂契約 (該項契約書由本局備妥)。契約書格式見附件, 必要時得修改之。

廿四、拒絕簽約之處理　投標者於收到本局之決標通知後, 在規定期限內若拒絕或不簽約, 及拒絕或不按規定提交支付保證金與履約保證金時, 勢必妨礙本局之施工計劃, 使其遭受損失。此時本局可自行裁定投標者業已放棄訂約, 其投標書及其投標之事實, 均應作廢無效, 並沒收其押標金。沒收之押標金卽爲本局所有, 作爲遭受損失之補償。

廿五、開工通知　訂約後本局簽發"開工通知"送交承包商, 規定開工日期。該開工日期自簽發開工通知之日起, 不得多於十五天。承包商應於規定開工之日起十五天內正式施工, 否則以違約論。契約工期則自規定開工之日起計算。

本範例之內容較爲詳盡, 適用於一般鉅大工程, 通常發包工程時自無須如此複雜。茲就其重點, 紋介如次:

1.　工程名稱與地點——用以表明該投標須知所適用之對象。

2.　投標廠商資格——營造廠商之投標資格, 應考慮之主要因素有三: (1) 專業資格、(2) 施工能力、(3) 財務狀況。(1)、(2)

兩項在有關法令中均有明文規定，如：

(1)營造業管理規則第十七條：營造業應按其登記等級依下列規定
承攬工程：

一、甲等營造業承攬一切大小工程。

二、乙等營造業承攬二百萬元以下之工程。

三、丙等營造業承攬七十萬以下之工程。

(2)各機關營繕工程招標辦法——主辦工程機關舉辦特殊或鉅大工
程，非一般營造廠商所能擔任，必須具有特殊工程經驗具有特
殊機器設備之廠商始能擔任者，主辦機關得規定特殊投標資
格，並規定投標廠商檢具必要之機器設備證明文件。

舉辦特殊或鉅大工程時，主辦單位每因標案眾多，為簡化審查廠
商資格手續，不乏先行舉辦廠商登記，俟發包時就審查合格之名單中
函請參加投標，猶如上開範例所列示者。評審廠商資格時，除其專業
資格為必須具備之要件外，通常考慮下述諸因素：

(1)可承包資本淨值若干倍價值之工程——通常此一因素可顯出一
企業之穩定性，若遭受可能之損失，該企業仍有繼續工作之能
力；

(2)可承包流動資金若干倍價值之工程——此因素說明其所承辦之
工程一經開始，即能繼續進行，不致因資金運用失靈而遲延支
付其施工之費用，影響工程之進行；

(3)可承包新近完成之工程價值兩倍之工程，但該新近完成之工
程，其性質與複雜程度須與本工程類似，且在相同之情況下施
工者——此乃表明該廠商有此類工程之經驗，並表明其曾處理
若干有關特殊問題，此等問題亦將在本工程施工時遭遇；

(4)可承包新近完成之最大工程價值相等之工程，其性質與複雜程
度須與本工程類似，但係在不同情況下施工者——此乃說明該

廠商有提供大批作業人員之能力，以補其為應付不同環境時所欠缺之經驗；

(5)計劃總收益——用以說明該企業正在成長中，且有擴充其設備能量之意願與能力，以及是否有過度擴張其能量之意圖；

(6)裝備之價值（以完成類似工程之裝備成本表示之），該項裝備係自有，並為本工程所能採用者——此一因素顯示該廠商需要（或不需要）財務方面之支援程度，以採購必需之裝備。

以上六項均得以金額數字表示，尚有若干因素無法以貨幣價值表示，但與營造廠商之適合性有關，舉如：

(1)目前資產與負債之比例（按此處所稱負債，係指負債總額減去股本與未分配盈餘之謂。）——此種比率得用以說明一企業之穩定程度，其比以 150 ％或較大為佳。易言之，每一元負債，即有幾元資產為其清償後盾。資產與負債之型態應注意者有三：

一、與外界有任何不利關係之跡象者；

二、將來預期之比率；

三、若有急需時，以資產變為現金之能力。

(2)目前承建中工程，預定能於開標日期前完成者——用以說明對本工程所需之作業與監督人員能及時供應之程度；

(3)企業聲譽及完整之記錄——對一企業之已知資料，應予考慮者：

一、合作精神；

二、工作之品質；

三、「無法完成」；

四、「準時」完成；

五、份外訴訟（此即表示該企業人員提供服務欠佳）。

(4)重要人員與監督人員之經驗——用以瞭解該等人員在該企業服

務年資，擔任本工程之人員是否有擔任類似工程之經驗；

(5)一般變動性質之因素——係指投標廠商與國外方面之關係，其他企業機構之關係，以及其所提送**短期結合** (*Joint Venture*) 之資料，均對該廠商之接受程度有所影響；

以上各因素經考慮後，卽可選定合格廠商名單，吾人可依此名單，辦理招標事宜。此外於決定名單時，須考慮應有足夠之合格廠商，俾使其能發揮競標作用。審查合格廠商名單一經完成，則以後發包工程時之審查工作，將輕而易舉，僅須將各項必須之資料換成最新資料，連同其他新登記者一併審查卽可。

所謂特殊或鉅大，其界限不易明確訂定，內政部曾作釋示：「一般房屋建築、道路工程不能視爲特殊或鉅大工程」。但此項規定之拘束能力，似僅及於政府機關之發包，並不包括民間所舉辦之工程。其目的顯在藉此規定，達到競標效果，以杜絕廠商圍標之惡習。

所謂限制資格，乃指投標廠商除應具備專業資格外，尙須具有規定之營業實績、施工經驗或應具備之機器設備等。例如：

自＿＿＿＿年＿＿＿＿月起一次訂約承包：

一、新臺幣＿＿＿＿＿＿＿元以上（追加工程不計）；

二、＿＿＿＿＿＿＿工程，其數量在＿＿＿＿＿＿＿以上；並持有業主滿意之驗收證明書者。

註① 由於時代進步、技術革新、人事變動等關係，早期之工作經驗，容或不合於目前要求，故以時間限制之；至一次訂約承包之規定，皆在防杜以數項小工程累積充數。

② 以金額設限之規定，係從曾辦相當金額工程之廠商，必具備相當工作經驗之推論而得。故一般鉅大工程常以金額設限，以提高投標廠商之素質。

③ 一般廠商對特殊施工方法並不一定均能勝任，而用於此種工程之設

備，亦非其財力所能負擔。故規定其必須曾承包此類工程數量。以推定其能力，俾免貽誤時機。

④ 所謂持有業主滿意之驗收證明書，一般係指軍公機關所發（並經審計機關簽證）者。

3.　投標文件無效之規定

為使開標作業之順利進行，以及決標後便於執行，甚至為配合法令或防杜圍標之措施等，業主每在投標須知內作「投標文件無效之規定」。此等規定有者甚簡，有者甚繁，雖過與不及，均非所宜，但基於雙方平等之地位上，不宜限制過嚴，使投標廠商偶犯些微之錯失，而喪失得標權益；有時反因自己規定之束縛，增加處理上之困擾，吾人必須深察。著者主張「便民政策」認為在可能情況下應盡量方便投標廠商，若投標廠商所遞交之投標文件與規定不合者，如其情節輕微，應予其補正之機會。譬如「未在標封上填寫廠商全名、負責人姓名、廠址者，其所投之標單無效。」之規定，即有考慮之必要，蓋標封上填寫廠商全名，係為便於計算合格投標廠商，及退件之用，故有無負責人姓名，並非重要。諸如此類，莫須有之規定而濫事列為廢標之要件，顯有斟酌考慮之必要。而被廢標廠商之報價，如不合理或過於昂貴，對發包單位而言，並無損失；若其報價最低而被廢標，豈非雙方均蒙受不利。茲將臺灣省各機關營繕工程投標須知規定列示如次，俾供參考：

投標廠商繳納押標金並投寄標封後，有下列情形之一者，其所投之標單無效，但得退還押標金：

㈠投標廠商未附全部證件影印本或經審查未合者。

㈡受停業處分或被停止投標權尚未解除者。

㈢標封未密封或標封未自廠商所在地（縣、市境內）寄出者，或未經掛號郵寄者。

(四)標封內未附標單（包括估價單、單價分析表）及押標金滙票或工程名稱不符或未塡者。

(五)未在標單及標封上塡寫廠商全名、負責人姓名、廠址者。

(六)標單正面未蓋與登記印鑑相符之印章者。

(七)投標廠商或負責人名稱與登記執照不符者。

(八)標封及押標金滙票逾越規定開標時間寄達者。

(九)標單未加蓋工程主辦單位印章者。

(十)押標金不足或以現金及混用充數者

(十一)未附切結書，或切結書未經蓋章者。

(十二)不用規定標封、證件封、標單封者。

(十三)變更標單式樣或塗改字句。

(十四)不依式塡寫，字跡模糊、或塗改後未蓋印章或不能辨認者。

(十五)標封標單內另附條件者。

(十六)標單與繳納押標金滙票分開郵寄者。

(十七)同一廠商投遞同一工程有效標封二封以上者。

5-2 補充說明書

所謂補充說明書，顧名思義乃補充標準說明書（或標準規範）規定之不足。蓋一般標準規範係就經常涉及之事項爲主，對具有特殊性、或非普通性之項目必須添加補充說明、或臨時增減項目、或變更施工方法等，俾作爲執行時之圭臬。補充說明，依場所之不同，可概爲口頭說明及書面說明。前者又可分爲現場補充說明、及標場補充說明兩種。雖係口頭補充說明，但仍由業主方面製作記錄，分由參加廠商簽認。書面補充說明，多在廠商投報價格之前，送達投標廠商。如以郵寄，必須掛號，並預留郵遞時間，以免廠商漏計。投標文件之內容如與書面補充說明有牴觸時，應以書面補充說明爲主。投標者應視書面補充說明爲正式投標文件，並於投標書中註明該補充說明業經收悉字樣。

第六章 切結與保證書

6-1 投標切結書

　　對官署矢誓之結文，證明其行為之真實，稱為「具結」。所謂「切結」乃切實具結之意，係一種備辦之文件，執行與否，須視實際情形而定，揆其主要目的，僅在加重廠商之責任感，例如參加投標廠商不得串通圍標，違者願受行政或法律處罰等規定。究其實，廠商如果觸犯法令規定，既有明文可據，自可依法辦理，有無切結，顯然無關緊要；反之，法令未予規定者，業主雖予嚴格規定，其在執行時，亦不無困難。茲將一般常用之投標切結書列示如次：

投標切結書（範例）

受文者：＿＿＿＿＿＿＿＿＿＿＿＿＿＿＿（業主名稱）

　　　立投標切結書人＿＿＿＿＿＿謹全權代表＿＿＿＿＿
　　　　　　　　　　　　　　　　　　　　（廠商名稱）

參加＿＿＿＿＿＿＿＿工程之投標，絕無違背「各機關營繕工程招標辦法」或與其他廠商相互勾結，達成任何默契或故意造成惡性競爭，或導致增加工程費用等情事。若有違背，除本次投標作為無效與今後不得參加貴＿各項工程投標外，並由貴＿通知主管營造業機關予以登記處分，本切結書人無任何異議。

　　　具切結書人（全銜）＿＿＿＿＿＿＿姓名＿＿＿＿＿（簽章）

　　　見證人（姓名）＿＿＿＿＿＿＿＿＿（簽章）

　　　地址＿＿＿＿＿＿＿＿＿＿＿＿

中　華　民　國　　　　　年　　　　　月　　　　　日

6-2 押標金及其保證書

押標金 (*Bid Deposit*) (*Bond, Bid*)，即投標者所提供之保證金。其作用乃爲防止廠商於得標後，未能履行諾言時，備作損失之用。吾國機關營繕工程及購置定製變賣財物稽察條例第十四條前段即有規定：「投標廠商應提出押標金，交由代理公庫之銀行代收。」惟如當地無代理公庫之銀行時，得參照審計法施行細則第三十八條之規定：「投標廠商應提出之押標金，以交由代理公庫之銀行代收爲原則，惟當地無代理公庫之銀行者，得由主辦機關指定其他金融機關代辦之。」

至於廠商於得標後，不爲承包者，依各機關營繕工程招標辦法第十二條：「廠商如得標後，不爲承包者，由主管機關沒入押標金及通知主管營造業機關，以違反建築法令一次論處，並於其承包工程手册上予以登記。」惟決標後未得標者，其押標金顯無再扣押之必要，應即無息退還之。應繳押標金之多寡，法無明文規定，究其因，係在防止廠商從押標金中探悉底價數額。惟一般機關爲求押標金之合理，亦有規定隨標價按比例繳納者。

通常押標金係按工程標價 %計算,是則一筆上億之工程,其所繳之押標金爲數亟爲可觀。再者，按國際標慣例，亦鮮以鉅額押標金送交對方國庫代收之案例。交通部高速公路工程局對押標金係採銀行保證辦法。亦即所謂代替保證金 (*Substitution by a Guarantee*)；係由業主認可之銀行所簽發之支付保證金保證書，可代替支付保證金。但保證銀行，應爲業主所接受者。惟依行政院臺六十六內字第2095號函核示事項二。「保證保險單究非現金、票據或證券，以之替代押標金核與上列（各機關營繕工程）招標辦法第六條及機關營繕工程及購置定製變賣財物稽察條例第十四條之規定不符。」故銀行保證辦法仍

尚有斟酌之處。茲將格式列示如次:

押標金保證書 (範例)

一、立押標金保證書人＿＿＿＿＿（以下簡稱本行）設址於＿＿＿＿＿＿
　　　　　　　　　（銀行名稱）

茲因＿＿＿＿＿＿＿＿＿＿（設址於＿＿＿＿＿＿＿＿＿＿＿）
　　　（投標廠商名稱）

參加＿＿＿＿＿＿＿工程之投標，其應繳押標金新臺幣＿＿＿＿＿元
　　　　　　　　　　　　　　　　　　　　　　（中文大寫）

整（新臺幣＿＿＿＿＿＿＿）由本行負責擔保。如投標者＿＿＿＿＿
　　　　（阿拉伯數字）　　　　　　　　　　　　　（廠商名稱）

於開標後撤回投標書，或於得標後拒絕與＿＿＿＿＿＿（以下簡稱業
　　　　　　　　　　　　　　　　　（業主名稱）

主）簽訂工程契約，或拒絕繳付履約保證金以保證確實履行契約義務，或
拒絕繳付支付保證金以償付施工期間勞工、機具設備、材料等費用，本行
一經接獲業主之通知，即使投標人提出異議，本行亦即日將上開押標金新
臺幣＿＿＿＿＿＿元正（新臺幣＿＿＿＿＿＿）如數交付工程，
局悉由業主自行處理，本行放棄先訴抗辯權。

二、本保證書於前述工程開標之日起陸拾（60）天內有效。

三、本保證書由＿＿＿＿＿＿全權代表＿＿＿＿＿＿簽署，並加
　　　　　　　（簽署人姓名）　　　　（銀行名稱）

蓋本行印信，以昭慎重。

保證人代表＿＿＿　＿＿＿　＿＿＿
　　　　　　　職銜　　姓名　　簽章

見　證　人＿＿＿　＿＿＿　＿＿＿
　　　　　　　職銜　　姓名　　簽章

見　證　人＿＿＿　＿＿＿　＿＿＿
　　　　　　　職銜　　姓名　　簽章

```
銀　行
印　信
```

中　華　民　國　　　　　年　　　　月　　　　日

6-3 預付款保證書

營造業本係一大行業，就理論而言，從事此業者必須擁有雄厚資本、人員及設備，始克擔當此一重任。但事實則不盡然。少數人士有以營造業係一「本輕利重」之買賣，例如承攬一千萬之工程，其所需資本僅為數十萬，蓋其材料可先向建材行掛欠，一般開支有預付款可以抵用，而其盈利可能高達百萬以上，幾為所作投資之數倍，可謂一般行業皆難有此厚利。更有甚者，其區區數十萬之數，尚係借自親朋好友，週轉運用，以博鉅利。惟業主發包工程究屬有限，在粥少僧多之情勢下，難以滿足眾多淘金者之慾望，因此削價競爭，形成惡性搶標之風氣。得標以後，因有預付款可資利用，似甚順遂，但時間一久。能利用之預付款日漸稀少，其時捉襟見肘，終於週轉欠靈。為挽救其危局，再以低價搶標手段，以求挹注。其情況嚴重者，有將所得之預付款用以償債，尚嫌不足，是則巧婦難為無米之炊，工程自然無法推動。故業主為確保其預付款項之安全計，均有預付款保證之規定。其辦法可概分為三:

1. 實物保證──以房地產或銀行優利存款單、政府發行公債等作為保證。
2. 銀行保證──由銀行或經營保證業務之信託公司出具保證書。
3. 商號保證──由廠商覓妥殷實舖保，為之保證。

上述之2、3兩項一般稱之為「書面保證」。就業主所冒預付款之風險而言，以商號保證較大，因須經由法律程序索賠，非短時期內所能解決，故採1、2兩法者較多。惟第1種處理方法，一般概訂入於契約內；而第三種方法所課保證人之保證責任，通常又與履約保證併在一起，容另說明外，茲將常用以銀行為對象之保證書列示如次:

預付款保證金保證書 （範例）

一、立預付款保證金保證書人＿＿＿＿＿＿（以下簡稱本行）設址於＿＿＿＿＿＿＿
　　　　　　　　　　　　　　　（銀行名稱）

　　茲因＿＿＿＿＿＿＿＿（設址於＿＿＿＿＿＿＿＿＿＿＿）得標承建
　　　　　　（承包廠商）

　　＿＿＿＿＿＿＿＿工程，依照契約規定，＿＿＿＿＿＿＿＿（以下簡稱
　　　　　　　　　　　　　　　　　　　　　　（業主名稱）

　　業主）應預付承包商金額為契約總價百分之貳拾（20％）之預付款。
　　該項預付款為承包商所必須償還者，其償還方式由業主依契約規定，
　　在每期支付承包商之工程驗款項下扣還。如有任何其他原因業主無法
　　從工程估驗款內扣回時，則承包商必須以現金償還之。

二、為保證承包商必定償還工程局該項預付款，本行謹立本保證書以
　　新臺幣＿＿＿＿＿＿＿＿＿＿元整（新臺幣＿＿＿＿＿＿＿＿＿＿）之金額
　　　　　　　（中文大寫）　　　　　　　　　（阿拉伯數字）

　　負保證之責。不論承包商由於何種原因，致未能償還業主上項預付款
　　時，本行一經接獲業主之書面通知，即日支付上開保證額之款項新臺
　　幣＿＿＿＿＿＿＿＿＿＿＿＿＿元整交由業主，以免其蒙受損
　　失。業主處理該項金額，無需經過法律或行政程序，本行絕無任何異
　　議，並放棄先訴抗辯權。

三、本保證書有效期限為自本保證書開具之日起，至業主依合約規定扣清
　　全部預付款之日止，或經業主通知本行解除本保證書保證責任時止。

四、業主同意在不損及本保證書條文之下，按時將扣回承包商工程款金額
　　以書面通知本行，以便本行從預付款保證額中相對扣減。

五、本保證書由＿＿＿＿＿＿＿＿全權代表＿＿＿＿＿＿＿＿簽署，並加
　　　　　　　　（簽署人姓名）　　　　　　（銀行名稱）

　　蓋本行印信，以昭慎重。

保證人代表

	職銜	姓名	簽章
見　證　人			
	職銜	姓名	簽章
見　證　人			
	職銜	姓名	簽章

```
┌─────┐
│ 銀 行 │
│ 印 信 │
└─────┘
```

中　華　民　國　　　　　　年　　　　　月　　　　　日

6-4 履約保證金保證書

履行契約，本爲簽約雙方之義務，似無再行提供保證金之必要。究其因，係由於惡性搶標所造成。約在一、二十年前，政府機關每因工程發包後，廠商無力完成，以至拖延時日，偷工減料者，屢見不鮮，而限制廠商設立之議，因人民有選擇職業之自由，難以如願，因此淘汰不良廠商既乏對策，而其濫事搶標又無法遏阻，咸感困擾。其時筆者曾建議辦理工程最多、金額最大之軍事工程委員會總處長袁夢鴻先生，採用行政措施予以補救之方案，亦即今日盛行之「履約保證金辦法」。蓋商人搶標，一般原因志在得標後將所付之工程款，流用他處，而加強保證辦法亦就是對症下藥之最佳方法。易言之，當廠商報價過低時，非但不能領到預付款，反須提供保證金，此對經濟情況不良之廠商而言，就不敢亂搶。且此法係以底價爲基準，凡標價低於底價者，就其相差距離，按級遞增。是故報價愈低，其須繳之保證金愈多，亦即其所擁有之資力，必須更雄厚，否則即無法繳納保證金，不但喪失得標權，而且押標金亦將被沒收。廠商如知其利害關係，必不敢濫事報價，惡性競爭之風，自然消弭。簡言之，**履約保證金**(*Bond, Performance*)，爲得標者與其保證人所繳規定之履約保證金，以保證其履行合約及全部附約與締約雙方所達成之協議事項。按稽察條例第十八條規定：「營繕工程及定製財物決標後，承辦廠商訂約時，應令其繳納履約保證金或取具殷實保證」。所以履約保證金亦有以殷實舖保替代。雖法諺有：「人保不如物保」之說，但舖保之成立較爲簡便，故時至今日，社會上對於舖保制尚多利用。玆將履約保證金保證書之範例，列示如次：

履約保證金保證書 (範例)

一、立履約保證金保證書人＿＿＿＿＿＿（以下簡稱本行）設址於＿＿＿＿
　　　　　　　　　　　（銀行名稱）

　　茲因＿＿＿＿＿＿＿＿＿（設址於＿＿＿＿＿＿＿＿＿＿＿）得標承建
　　　　　（承包商名稱）

　　＿＿＿＿＿＿＿＿＿工程。依照契約文件規定應繳交＿＿＿＿＿＿＿
　　　　　　　　　　　　　　　　　　　　　　　　　（業主名稱）

　　（以下簡稱業主）履約保證金新臺幣＿＿＿＿＿＿＿元整（新臺
　　　　　　　　　　　　　　　　　　（中文大寫）

　　幣＿＿＿＿＿＿）該項履約保證金由本行開具本保證書負責擔保。
　　　（阿拉伯數字）

二、承包商與業主簽訂上項工程契約後，如承包商未能履約或因其疏忽缺
　　失，工程品質低劣，致使業主蒙受損失，則不論此等損失係屬何種原
　　因，本行均負賠償之責。本行一經接獲業主書面通知，即日將上述履
　　約保證金新臺幣＿＿＿＿＿＿＿＿＿元整如數給付業主，絕不推諉拖
　　延。業主得自行處理該款，無需經過任何法律或行政程序，本行亦絕
　　不提出任何異議，並放棄先訴抗辯權。

三、本保證書有效期限為自簽訂上述工程合約之日起，至業主支付承包商
　　末期付款之日止，或至業主通知本行解除保證責任時為止。

四、本保證書由＿＿＿＿＿＿＿全權代表＿＿＿＿＿＿＿簽署，並加
　　　　　　　（簽署人姓名）　　　　　（銀行名稱）

　　蓋本行印信以昭慎重。

　　　　　　　　　　　　保證人代表＿＿＿＿　＿＿＿＿　＿＿＿＿
　　　　　　　　　　　　　　　　　　職銜　　　姓名　　　簽章

　　　　　　　　　　　　見　證　人＿＿＿＿　＿＿＿＿　＿＿＿＿
　　　　　　　　　　　　　　　　　　職銜　　　姓名　　　簽章

　　　　　　　　　　　　見　證　人＿＿＿＿　＿＿＿＿　＿＿＿＿
　　　　　　　　　　　　　　　　　　職銜　　　姓名　　　簽章

```
┌──────────┐
│  銀　行   │
│  印　信   │
└──────────┘
```

中　華　民　國　　　　　　　　年　　　　　月　　　　　日

6-5 支付保證金保證書

近年來，政府爲加速經濟發展，與辦十大建設，其中工程性質特
殊；或因部份資金來源係借自國外銀行，依貸款協定，必須邀請國外
廠商參予投標。由於國外廠商承建之工程，通常僅派少數管理或技術
方面人員而已，其大部份材料與勞工，仍仰賴於我國民間供應。但一
旦國外廠商報價過低，而致無法完成時，萬一溜走，避不見面，勢必
延誤工程之進行。而其與材料供應商及勞工方面所引起之財務方面糾
紛，亦使業主徒增困擾。爲利於處理計，故有**支付保證金** (*Bond,*
Payment) 保證書之規定。此項辦法之採行，始於交通部高速公路工
程局，據聞乃係採納帝力凱徹工程顧問 De Leuw, Cather Consulting
Engineers 之建議而實施。兹將支付保證金保證書格式列示如次：

支付保證金保證書 (範例)

一、立支付保證金保證書人_____(以下簡稱本行)設址於_____
  　　　　　　　　　(銀行名稱)

  茲因_____(設址於_____) 得標承建
  　　　(承包廠商名稱)

  _____工程，依照契約文件規定應繳付_____
  　　　　　　　　　　　　　　　　　　　　　(業主名稱)

  (以下簡稱業主)支付保證金新台幣_____元整（新
  　　　　　　　　　　　　　　(中文大寫)

  台幣_____）以保證償付施工期間勞工、機具、設備、材
  　　(阿拉伯數字)

  料等費用，而不至引起債務糾紛。該項支付保證金

  新台幣_____元整由本行出具本保證書擔保。

二、承包商與業主簽訂上述工程契約，而該契約之修正條款爾後又若有所
  修訂，則承包商根據上述契約或修訂條款承建上述工程時，不論與任
  何人士或任何機構發生任何種類之債務糾紛，本行一經接獲業主之書
  面通知，即日將上述支付保證金新台幣_____元整如數給
  付業主，絕不拖延，以補償其蒙受之損失。業主得自行處理該款，無
  須經過任何法律或行政程序，本行亦絕不提出任何異議，且放棄先訴
  抗辯權。

三、本保證書有效期限為自簽訂上述工程契約之日起，至工程完成後，養
  護期滿為止，或至業主通知本行解除本保證責任時為止。

四、本保證書由_____全權代表_____簽署，並加
  　　　　　(簽署人姓名)　　　　　　(銀行名稱)

  蓋本行印信，以昭慎重。

保證人代表_____
　　　　　　職銜　姓名　簽章

見 證 人_____
　　　　　　職銜　姓名　簽章

見 證 人_____
　　　　　　職銜　姓名　簽章

```
┌─────────┐
│ 銀　　行 │
│         │
│ 印　　信 │
└─────────┘
```

中 華 民 國　　　　　年　　　　月　　　　日

如承包商未予履行提供支付保證金或履約保證金，通常規定業主得沒收其押標金，以便重新決標，或廢標後重新公告招標，或採取認爲最有利之其他途徑。

6-6　保留款保證金保證書

工程契約之付款方式可概分爲三:

1. 分期付款——乃將工程總價分成若干期付款，如將房屋按完工層次，作爲分期之標準，極爲簡明。惟此法因係預付款性質，難免有幾分風險，識者或謂稍欠穩健。
2. 工料計價——係業主按承包商進場之工料計價，藉以控制工程費之動支，而免被挪用。然其進場之工料，是否確用之於當該工程，不無疑問，故不乏採用成品計價之方法，以確保其權益。
3. 成品計價——以已用於工程上而能量計之成品，作爲計價之標準。例如完成混凝土 m^3 等。惟成品之含義，有時會被作過當之解釋，如進場之機製木門窗，因未按裝、配玻璃、及油漆，卽不被視爲成品，使承包商資金運用呆滯，有失立約時之本意。

所謂「保留款」，卽係按工料計價或成品計價時，所扣之部份工程款。蓋一般付款標準，係按契約所載單價資料，或依廠商所送資料給付。但無論採用何者，均會冒較契約總價超支之危險；或於完工後，已無餘款可作爲保固保漏等款之需。故在給付估驗款內，扣減百分之十作爲保留款，以利完工時結算。惟扣留工款，勢將增加廠商財務負擔，故採保留款保證金保證書辦法，俾使其資金得作有利之運用。茲將保證書格式列示如次:

保留款保證金保證書 (範例)

一、立保留款保證金保證書人＿＿＿＿＿(以下簡稱本行)設址於＿＿＿＿＿
　　　　　　　　　　(銀行名稱)

　　＿＿＿＿＿茲因＿＿＿＿＿(設址於＿＿＿＿＿)得標
　　　　　　　　　(承包商名稱)

　　承建＿＿＿＿＿工程, 依照合約規定＿＿＿＿＿
　　　　　　　　　　　　　　　　　　　　　(業主名稱)

　　(以下簡稱業主)得自每月給付承包商之工程估驗款內扣減百分之拾
　　(10％)作爲保留款。承包商得於估驗款支付滿十二月後, 向業主提出保
　　留款保證金保證書, 申請領取該期間被扣減之保留款。或承包商於簽約
　　後一個月內, 向業主提出合約總價百分之五(5％)之保留款保證金保證
　　書, 嗣後業主不再在每月給付承包商之工程估驗款內扣減任何金額。

二、本行茲開具新台幣＿＿＿＿＿元整(新台幣＿＿＿＿＿)
　　　　　　　　　　　(中文大寫)　　　　　　　(阿拉伯數字)

　　之本保證書, 作爲承包商領取上述保留款之保證。本保證書所提供之
　　保證金額, 相等於承包商領取之保留金額。若承包商有任何疏忽而致
　　使業主蒙受損失, 或其承建上述工程有所缺失, 或因承建上述工程而
　　有負債情事, 本行保證一經接獲業主之書面通知, 即日將上開保證金
　　新台幣＿＿＿＿＿元整如數支付。業主處理該項
　　金額, 無需經法律或行政程序, 本行絕無任何異議, 並放棄先訴抗辯
　　權。

三、本保證書有效期間爲自本保證書開具之日起, 至工程完成後, 養護期
　　滿爲止, 或經業主通知本行解除本保證書保證責任時止。

四、本保證書由＿＿＿＿＿全權代表＿＿＿＿＿簽署, 並加
　　　　　　　　(簽署人姓名)　　　　(銀行名稱)

　　蓋本行印信, 以昭愼重。

　　　　　　　　　　保證人代表＿＿＿＿＿＿＿＿＿＿＿＿
　　　　　　　　　　　　　　　職銜　　姓名　　簽章

　　　　　　　　見　證　人＿＿＿＿＿＿＿＿＿＿＿＿
　　　　　　　　　　　　　　　職銜　　姓名　　簽章

　　　　　　　　見　證　人＿＿＿＿＿＿＿＿＿＿＿＿
　　　　　　　　　　　　　　　職銜　　姓名　　簽章

　　　　　　　　　　　┌─────┐
　　　　　　　　　　　│ 銀　行 │
　　　　　　　　　　　│ 印　信 │
　　　　　　　　　　　└─────┘

中　華　民　國　　　　　年　　　　　月　　　　　日

6-7　補充保證金

遇下列情況之一時，業主得要求承包商提供補充保證金:
1. 提供保證後，承包價款已有或顯有大量之增加。
2. 保證銀行不再為業主所接受時。

6-8　同意放棄

一工程在進行中途，難免會增加、變更、刪除、延長工期、額外工作、修改變動等，如每次通知或徵詢保證（銀行或舖保）人之同意，勢將不勝其煩。故有先在契約內規定對上述之任何變更，可不予通知或徵詢其同意之規定，俾資簡捷。如未在契約內明訂者，則應在變更契約內容之前，書面通知或徵詢其同意；其變更較為重大者，亦可另訂附約辦理之。

第七章　一般投標附件

　　所謂投標附件，乃指投標時所投報價單以外，投標須知中規定應附之文件，俾供業主作爲決標之依據，或參考之用。例如機具設備明細表、主要人員資料表、投標切結書等。其格式及種類並無一致之規定，隨業主之意向及需要而定。此等附件如投標切結書等已於專章內叙介外，玆再就一般常用者舉述如次：

7-1　機具設備明細表

　　近年來，土木建築之施工方法已步入機械化，是則機具設備之多寡與優劣，幾已左右廠商之工作能力。故業主發包時，每將廠商應擁有合乎興建工程施工用途之機具設備明細表列明，以作爲廠商參加投標應具備條件之一。惟工程用機具設備種類繁多，日新月異，業主有時亦難以一一列舉，故有規定由投標商提供專用於所投之標之機具明細表。其內容包括機具之名稱、廠牌、型式、製造年份，可供使用之數量、置放地點、及全部供應時之總數量。填妥後，隨同投標書一併封交。俾業主作爲評估是否足供建造其所投標工程之所需，並能如期完成，以爲決標重要因素之一。玆將一般所用之機具設備明細表列示如次：

機具設備明細表 (範例)

投標者應按下表將其計劃用於本項工程之機具、設備逐項填妥，并詳確列述名稱、性能、產地、規格、製造年份，現有數量及計劃調度量。凡原價在新台幣伍萬元以上者，均應列入本表內。本表將用以評估投標者是否能於規定工期內，完成本項工程，此為決標因素之一。決標後，承包商應負責提供表列之機具設備。

項次	名稱、性能、產地、規格、製造年份等	現有數量	計劃調度量

7-2 主要人員資料表

　　營造廠商雖有等級之分，但工程之進行則有賴於富有經驗人員之領導、策劃、與參預作業。否則，以不相當者濫竽充數，不僅會延誤工程之進展，且對工程之品質、美觀、安全等均有影響。故國內外於工程發包時每要求提供主要人員簡歷，列為決標之重要因素之一。其甚者，亦有指定人選者，在國外不乏此種案例，可見其重視工作人員勝於一切。此外，一般軍事或具有機密性之工程，亦有規定需提供工作人員名單者，但其主要目的，係在作安全方面之調查，與一般所要求者，顯然不同。茲將常用之主要人員名册列示如次：

主要人員名冊 (範例)

職　　稱	姓　　名	年齡	學　　　歷	經　　　　歷

7-3　單價分析表

　　估價單之編製，如採工程單位式者，因其每一單位之構成，包括材料、人工、費用等項目，為對估價作進一步瞭解起見，利用**單價分析表**，以供比較分析。單價分析表之數量，乃係就每一單位所需之工料數量，予以計列。惟一般面積較大，構造複雜之木作工程等，得採**間分法**或**總分法**。單價分析表本係業主用作估算發包預算及底價之用。嗣為防止廠商濫事搶標，特檢附統一單價分析表，列明項目與單位、數量，以供投標廠商填列總細價格，隨同報價投標。此種單價分析表於得標簽約時，仍將之附入，俾備變更設計，核算價格之參考或據以給付。茲將單價分析表格式列示如次：

單 價 分 析 表

本欄由業主填寫	工程名稱	
	工程編號	
	預算編號	

日期: 民國＿＿年＿＿月＿＿日

第＿＿＿＿頁 共＿＿＿＿＿頁

項次	工作項目		單位		單價	

分　　　　項	單位	數量	單　價 (元)	複　　價 (元)	備　　註

負責人:　　　　　　　　　　經辦人:

7-3-1 參考單價

　　所謂參考單價，乃一工程在施工中途可能採用之項目，爲免日後議價之煩，特於標單內列有參考單價欄，請投標廠商填列，以作爲得標後變更設計時之用，用意至善。惟此種方式，對業主而言，極爲不利。蓋參考單價，其目的僅作爲參考，並不據以作爲決標之要素。故一般投標商均投報高價，如業主不察，以此作爲加帳依據，極易蒙受其害，此種措施，實不足爲訓。

7-4 按日計值表

　　按日計值 (*Day Work*)，乃係一種對於人工、材料機具，按日給付之單價標準。蓋一般鉅大工程，施工中途因故變更或增加契約**項**目外之零星工作，爲爭取時效計，顯難等待議價完成後，始行作業。故在廠商報價時，卽規定須檢附**按日計值機具費用表、按日計值人工費用表、按日計值材料費用表**。（參見附表）以作爲施工時給價之依據。

按日計值機具費用表 (範例)

工程名稱　　　　　　　　　　　　　　　　第　　頁共　　頁

項次	工 作 項 目	單位	預估數量	單價(元)	複價(元)
		小時 Hour			

附註: 按日計酬機具費，依本表所列單價，按實際數量計價。

按日計酬機具費小計＿＿＿＿＿

按日計值人工費用表 (範例)

工程名稱：

項次	工　作　項　目	單位	預估數量	單價(元)	複價(元)
		人時 M. H			

附註：按日計酬人工費，依本表所列單價，按實際數量計算。

按日計酬人工費小計＿＿＿＿

按日計值材料費 (範例)

工程名稱

項次	工　作　項　目	單位	預估數量	單價(元)	複價(元)

附註：按日計酬材料費，依本表所列單價，按實際數量計算。

按日計酬材料費小計＿＿＿＿

7-4-1　按日計值支付法

1. 機具設備——經工程司核准使用之機具或特殊設備（非小工具），包括操作人員、管理人員、修理費、燃料、潤滑油、備用零件及搬運等費用，及其實際在工作使用時間之費用，均由業主按契約中所訂適當之租賃價格給付承包商。此項租賃價格或在工程開始前，由雙方以書面議定之。

2. 人工——所有參與建造之工人與工頭，均得依契約規定，按其實際之工作時數而支付其工資，或依施工前書面所議定工資給付之。

3. 材料——凡工程所需之材料，經工程司認可者，運抵工地後，應依契約規定以適當價格支付之。契約中若未規定適當之價格，則運抵工地之材料，包括運費在內，應按運達工地之材料實價，另加15％支付之。

4. 報告書——承包商應將按日計值分項填列報告一式兩份致送工程司，其內容包括下列各項：

   (1)每部機具與設備之名稱，包括編號、到達工地日期、每日工時、總工時、每小時租金、及應領之租金總額。

   (2)工頭與工人之姓名、工作類別、到職日期、**每日工時、總工時、每小時工資、及應領之薪金。**

   (3)材料數量、單價及總價。

   報告書應隨附使用材料之購料發票及運費之單據。若用於按日計值辦法辦理工程之材料，非專為該項工程而採購，而係承包商所貯存者，則承包商應具結，證明該等材料係自存，請求給付之數量，應為實際使用之數量。

7-5 授權書

一般工程之開標、決標、或重要事項之商洽與決定，理應由雙方有權決定之人仕參加為宜。惟間有少數廠商，不予重視，不乏委囑低級人員出席，致對協議事項，不能當場決定，或雖經其允諾，事後又被其上級推翻，影響作業殊甚。故業主在投標文件中規定，應由廠東或主任技師參加。惟現代營造業之組織及其業務日益龐大，主腦人物顯難遇事躬親處理。例如在台北及高雄等數地，同時有開標時，即無法分身參與，尤其國外廠商來我國承攬業務者，更難應命。故有授權之規定。茲將授權書格式列示如次:

授 權 書 (範式)

一、茲_____(廠商名冊)設址於_____為承建_____工程特指定_____先生為法定代理人處理以下各項事務:

二、本授權書賦予_____先生全權處理上述指定範圍內之一切事宜，包括該等事務之簽約或解約。

三、本授權書自簽發之日起生效。

_____簽章
(公司負責人)

公 司
印 章

中 華 民 國　　　　年　　　月　　　日

第八章 決標與工程實施

8-1 決 標

8-1-1 選標之順序

一般決標原則，均以總價爲序，蓋標單所含明細項目繁多，如予一一核計，費時必多，影響選標工作。若其總細數不符，得依各機關營繕工程招標辦法第十一條:「開標或比價時，應以在底價以內之最低報價爲得標原則，並以所報之總價爲準，如得標人因計算錯誤，其各種項目相乘相加之總和，與其總價有出入時，應以其較低之總價爲決標總價。」之規定處理。

8-1-2 審 標

投標書經拆閱並公開宣讀其投標總價後，業主爲對廠商之報價，充分瞭解計，應詳加校核各標單之內容，並核對其投報之總細數，此項程序，謂之審標 (*Consideration of Proposals*)。在最後決標前，業主有權拒絕任一或全部投標書，或另行公告招標，或用其他對業主有最佳利益之辦法繼續進行。

8-1-3 決 標

一般工程之決標依吾國習慣應當場爲之。但鉅大或複雜之工程，其審標工作不能當場完成者，則另行訂期辦理，業主得在開標後，約

定期間內，決標予所報總價最低，而有能力達成業主要求之投標廠商。**決標通知**（*Notice to Award*）爲業主發給投標者之書面通知，說明其已得標，按規定應與業主簽約。茲將決標通知書列示如次：

決 標 通 知（範例）

中華民國　　　年　　　月　　　日　　　　　　　號

受文者：

副　本
收受者：

主 旨：＿＿＿＿＿＿＿＿＿＿＿工程以新臺幣＿＿＿＿＿＿元整
　　　　決標交由　貴公司承辦，請查照。

說 明：**請按規定於收悉本決標通知之日起十五日內提交履約保證金與支付保證金辦理簽約手續，並請在簽約前先行提出本標工程施工佈署計劃、說明施工程序、某項專業工作擬予分包以及施工使用之機具數量及調配情形等以供查核。**

8-2　工程實施

8-2-1　施工進度

　一工程之實施應先根據設計圖、施工說明書等予以研究、策劃，俾確定施工計劃。所謂**施工計劃**，係以技術的、優秀的、經濟的，以及迅速的方法於規定工期內完成工程之謂也。易言之，承包商須提供**足夠之設備、材料及機具**，使用有效之方法，按需要之工作時數，以**保證工程於契約所規定之完工期限內**，依照設計圖與規範予以完成。

施 工 進 度 表

作業項目	(天數) 5	10	15	20	25
準 備 工 作					
鋼 筋 加 工					
模 板 製 作					
支 撐 搭 架					
模 板 按 裝					
鋼 筋 排 紮					
混凝土灌搗					
保　　養					
整　　修					

8-2-2 開工前之協商 (*Preconstruction Conference*)

　　承包商在決標之後，與開工之前，須與工程師開會討論，以相互瞭解有關勞工關係、安全問題、工程進度、以及施工程序與工程之進行等。參加工程之重要人員亦應參加該項會議。

8-2-3 工程之開工 (*Commencement of Works*)

　　一般契約對工程之開工，均有期限規定，如「承包商須於簽訂契約之日起五日內開工（如須請領執照，或須經特准許可者，自領到執照或許可證件之日起三日內開工）」。若干鉅大工程，業主亦有專發開**工通知**，以示慎重者。易言之，承包商須在工程師明確批准之工程部份動工，方能視為正式開工。茲將開工通知格式列示如次：

開工通知 （範式）　中華民國　　年　　月　　日
　　　　　　　　　　　　　　　　　　　　　　　　號

受文者：

副　本
收受者：

主旨：＿＿＿＿＿＿＿＿＿＿＿工程開工日期訂爲　　月　　日（起算
　　　工期），請在該日起三十天內正式開工。

依據：中華民國　　年　　月　　日　貴公司與本＿＿簽訂之契約
　　　（契約編號：　　　　　　）。

通知事項：本標工程自　年　　月　　日起開工至民國　　年　　月
　　　　　日全部完工。逾期應依約支付違約償付金。

　　承包商接到開工通知書，或任何指示開工之通知後，須依照契約
規定之工作期限內開始施工。除經工程師明確之認可，或承包商遭遇
不可抗拒之阻力外，工程須迅速開工不得延宕。

　　工程之開工亦必須向有關單位報備，俾利派員抽查。

8-2-4　完工期限 *(Time for Completion)*

　　一般契約中所載之完工許可日數，乃根據詳細價目表內所載之預
估工程數量計算而得。時間之基本單位有二：一爲**工作天** *(Working
Day)*；另一爲**日曆天** *(Calendar Day)*。所謂工作天，係指能適合
於施工之天數，通常不包括雨天、國定假期、及颱風等不能工作之天
數，除非工程由於承包商不可控制之因素，而暫時停工者外，該等工
作日承包商方面均須正常工作（最低八小時）。惟一般緊急或有時效
之工程，則按日曆天計算，意卽施工期間雖有雨天等影響，但承包商
仍應以趕工方式，在規定期限內完成之。但有下列理由之一者，**得要**

求延長其工期:

1. 為圓滿履行契約，所需之實際工程數量超過標單所列之預估工程數量,則施工期限得比照所增加之工程數量及難易程度予以延長。

2. 不可抗拒之災害。

3. 變更通知。

4. 意外風險。

5. 工程師認為正當、合理或對業主有利之原因等。

8-2-5　進度不符 (*Unsatisfactory Progress*)

一工程或其任何部份之進度。若經業主或其工程師發現過於緩慢, 無法保證工程能按期, 或在延期之期限內完工, 得以書面通知承包商, 採取必要之補救辦法:

1. 增加工作時數（加班時間）。

2. 增加機具。

3. 增加勞工。

4. 增加工作天數。

5. 增加工作班次。

6. 增加設備。

7. 重新指派或更換工作人員。

8. 改正作業方法。

9. 其他特別方法。

8-2-6　作業 (*Operation*)

1. 符合性 (*Conformity*)——所有完成之工程及其提供之材料, 應與設計圖中所示或規範指定之線向、高程、橫斷面、大小尺寸及要求之材料相符（包括各條件之准許偏差）。在合理之符合程度

內，工程師發現下列情況，所作之判決卽爲有效之決定。

(1)不在設計圖及規範所准許之偏差範圍內，而工程則已完成待驗，此時工程師應決定該工程可否同意予以驗收，因此工程師應以書面文件證明其同意之依據。工程師若認爲有必要時，得將該工程或材料之單價作合理之調整。

(2)不在設計圖及規範合理程度內，而導致較劣或不能獲准驗收之結果，則工程師應決定將該項工程或材料，責成承包商自費予以拆遷、更換或其他之改正。

2. 影響原有工程──凡作業對原有工程有影響時，必須小心從事，以免損及該等工程。如施工損及原有工程時，應立卽修復，且不能對業主要求額外費用。原有工程變更之處，或新工程靠近原有工程，或與原有工程連接，則原有工程須按需要變更，其接縫與相鄰連接處，均應整齊美觀。新工程應儘可能與現有鄰近之原有工程相配合。

3. 限制 (*Limitation*)──在有排水結構物之地區，該等排水結構物應在整地工作開始之足够時間前先予完成。每項工程均須依限完成不得延誤。且非經工程師之准許，承包商不得將其機具設備及勞工，自尚未完工之工地轉移至另一新工地。承包商應將有關之作業進度送請審核，承包商不得因一新工程之開工而損及業已開工之工程。除非經工程師認可已具備足够之防火及安全設備外，不得在工地從事生火，銲接或加熱割切等作業。

8-2-7 工程保固 (*Maintenance of the Works*)

所謂保固，乃承包商應以適當之養護方式，以維護工程之良好狀態之謂也。

1. 期限──承包商須在施工期中，或在契約所訂之保固期內，對工

程加以保固。其期限之計算標準，有契約規定者，依約辦理外，通常保固期限係以正式驗收（或交付）時起算。

2. **修理**——在保固期中，如業主提出書面要求，承包商即應履行整修、改正、重新施工、矯正等工作，以改善所有缺點，或其他欠妥之處。若承包商未能按業主之要求辦理修理工程時，業主得依約自辦或交由其他承包商辦理。如該項工作應由承包商負擔費用時，業主可從承包商處或未付之保留款中，收回其費用。

第九章　契約之監督執行與變更

9-1　契約之監督執行

9-1-1　權　　責

契約之監督執行由業主負責，惟其須指派工程師或人員爲授權之代表。以監督契約之履行時，應以書面通知承包商。通常業主所授予其代表之權責如下：

1. 凡設計圖或施工規範及特定條款所記載者，其原意尙有含混、矛盾、錯誤、疑義或遺漏等事項，工程師得決定其眞實含義及意義。
2. 決定承包商是否切實完成契約之各項問題。
3. 決定有關補償之原則。
4. 審定承包商所提供之材料，其品質及數量是否合格適用。任何材料及機具等，如工程師認爲不合格，或不符契約之原意，或任一條款，得拒絕或禁止其使用，及命令其移除與指示正確辦法。
5. 核定承包商之施工方法、施工設備、及附屬機具是否够用或適合。
6. 鑑定工程進度。
7. 決定是否依約執行。
8. 依法對承包商給予通知、簽證、指示與說明等。
9. 基於下述之原因，得通知工程全部停工或部份停工：
   (1)有危及工地工作人員及公衆之安全情況，業經通知承包商改善

時。

(2)承包商未履行契約條款時。

(3)承包商未履行通知之應辦事項時。

(4)工程師認為氣候或某種情況下，不適合施工時。

(5)基於任何公眾利益情況或理由時。

除另有規定外，工程師對任何上述事項之決定，即為最後決定，如承包商對工程師所作之決定或通知，未能迅速有效執行，工程師有權強制其迅速而有效執行之。

工程師因實際需要，可隨時以書面將其職權授與其代表人，惟須將授權之副本送達承包商。工程師代表經授權後，其權責如下：

1. 監督工程。

2. 檢驗本工程施工之材料與工程品質。

但工程師之代表「未予否決」(*Failure to Disapprove*) 之工程或材料，並不能約束工程師爾後之裁決。易言之，工程師仍有否決與通知該工程應拆除，移走或毀棄之權。惟工程師之代表對下列事項並無權責：

(1)免除契約所規定承包商之任何責任與義務。

(2)通知任何工作延期，或額外給付之情事（契約中另有載明者除外）。

(3)對工程作任何變更。

再者，承包商若有充分理由不滿意工程師代表所作之決定時，可將該事件提報工程師，工程師應予覆核，或予撤銷，或改變其決定。

9-1-2　權責時效 (*Duration*)

在契約之規定下，工程師與其代表之權責，可持續至下列日期為止：

1. 工程師簽發養護合格證明書之日。
2. 驗收證明書發出之日。
3. 當全部爭議業經解決，或另有決定之日。
以上日期以最後者為準。

9-1-3　滿意 (*Satisfaction*)

承包商除依法律，或依實際均無法做到者外，應嚴格遵守契約對工程施工及養護之規定，至工程師認為滿意為止，並應切實依照工程司對有關工程任何事項之指示、指導及通知（不論契約中是否有所規定）。承包商應接受工程師或經其授權代表之指示、指導及通知。關於契約之監督執行所作之規定，或契約中任何章節之條文，均不得視為可向業主或其所授權之代表提出要求，請其指示或提出完成契約工程之方法或方式。業主所同意或所建議任何提供材料，或獲取材料之方法與方式，不得視為保證，此等方式與方法必須以契約為準。再則此等方式與方法雖經業主同意，但不得作為承包商卸責之藉口或理由，更不得因此而將責任加之於業主。

9-1-4　承包商之違約 (*Contract Default (By Contractor)*)

承包商有下述情形之一者，通常被視為違約:
1. 宣告破產。
2. 採取破產行動或公司即將破產而不圖重振。
3. 無力償付債務。
4. 採取無力償債之措施。
5. 收到法院不利於承包商之命令。
6. 與債權人作不法之協議。
7. 讓渡權益給債權人。

8. 未獲得業主之書面同意，逕行讓渡契約中一部份。

9. 同意在債權人監管之下履行契約。

10. 已執行或即將執行扣押其財產。

11. 對於不利於承包商之裁決，為時達十天未予置理者，或經工程師書面提報業主，證實承包商有如下情形時：

　　(1)無法在「開工通知」指定期限內開工，且無工程師認為滿意之理由。

　　(2)無法保證在規定之完工期限內，提供足夠之機具設備、人工、及材料，以完成本工程。

　　(3)已無法繼續施工。

　　(4)不按契約或不按業經批准之施工計劃施工。

　　(5)一再故意不履行契約之義務。

　　(6)拒絕移除經工程師批駁不能接受或不合之材料。

　　(7)無法重新建造經工程師批駁不能接受或不合規定之工程。

　　(8)未提出經工程師認可之正當理由，亦無工程師指示，即拖延工程之進行，達十四天以上。

　　(9)經工程師指示停工後，承包商無法復工，而又無法提出工程師認為合理之理由。

12. 放棄契約，即視為違約之行為。

9-1-5 接管及逐離 (Entry and Expulsion)

業主對承包商之違約行為，應以書面通知承包商本人及其保證人，並限期囑其儘速改正其違約之行為。若承包商不理或不儘速在限期內改正其違約行為，契約中常規定業主有全權及依約賦予之權限，自該承包商處接管工程，進入工地，並將承包商逐離該處，而不構成：

1. 違約。

2. 廢約。

3. 解除承包商在本契約下，應負之任何義務與責任。

4. 影響業主或工程師依契約所賦予之權利及權力。

　　將承包商逐離工地接管之後，工程師應卽決定下列事項：

1. 承包商自備之設備。

2. 租用設備或租購設備及其所有人。

　　綜上所述，乃為一般形諸於契約之處理方法。惟少數業主為因應實際上之需要，亦有採用「監督付款辦法」。蓋承包商僅係負責管理而已，當管理者發生問題時，其所雇之小包或供應材料之廠商並不一定會發生問題。若彼等有把握能如期、如數、領得其應收之款項，並不願意中途放棄其作業或供應，故業主在下列情形之下，亦有應承包商、小包、供應商、保證人之請，採用監督付款辦法：

1. 採用此種方法，必須不會影響業主權益。

2. 承包商尚未具領之工款，足夠支付其債務。

3. 業主有足夠人員，可配合此項辦法之實施。

4. 工程簡單，或已完成大部份。

　　所謂「監督付款辦法」，乃於承包商具領工款時，必須會同其小包及供應商領取，使能直接用之於工程，俾免其領得之款流用他處。但此種方法之實施，乃出於不得已之情況之下，始予採行，為免訂入契約後，反受承包商利用，增加業主之困擾，故尚鮮在契約中予以明文化。且業主於配合執行時，偶一不慎，反會落入是非之圈，平添無限困擾。

9-2 工程變更

業主或其工程師因基於需要，得隨時通知承包商，變更契約範圍內之工程。此即所謂**變更通知**(*Change Order*)，玆予分述如次：

1. 接受——承包商應接受所有契約變更通知，並視其為契約之一部份。

2. 核定權責——契約變更通知須經業主核定後方始有效（旨在限制工程師任意變更）。

3. 契約變更通知——若有變更須以書面通知，其內容應載明：(1) 在契約範圍內，工程之變更；(2) 有無調整工期；(3) 叙明是項工程變更如予給價，其依據為何；實做數量與契約預估數量有出入時，而非變更通知所導致者，不須辦理契約變更通知（尤其是土木工程必須實做實算者為然）。

4. 延誤——承包商接到變更通知後，應即遵照實施。任何情況下，承包商均不得對通知所訂給價之依據，及工期之調整等提出抗議、爭執、或異議而拖延工作。

5. 工程師具有**作業指揮**權 (*Engineer's Right Order*)——工程師通常具有通知承包商履行下列事項之權：

   (1)為期契約工程之圓滿完成而需要增加之任何必要工程；

   (2)變更契約工程之任何部份或任何項目之性質、品質、或種類；

   (3)變更契約工程之任何部份之水平基準、線向、位置及尺寸；

   (4)增加、減少或刪除契約內任何工程數量；

   工程師通知所作之契約通知得以「按日計值」方式完成之。任何「變更」均不得認為廢棄契約內任何規定之條款，或使契約中任一條款失效。

6. 通知保證商行——契約工程之變更通知，得依契約規定，無需通知保證商號或**銀行**，即可發出。如契約無此規定者，必須通知保證商行。否則，日後契約發生糾紛，保證商號得藉契約內容已作變更爲由，拒絕履行保證責任。故一般契約均於規範中列明：「任何情況下，契約變更通知均不得影響契約之效力或使其失效」之規定。

7. 抗議——若承包商不同意契約變更通知之任何條款，應於接到該核定之通知書後若干日內，向工程師提出書面抗議。抗議書應說明其不同意之各點，必要時得檢附契約規範中有關該不同意點之**條文、數量及費用**等資料。

8. 記錄——承包商應分別保存各該契約變更通知之記錄，及其實際費用帳冊，以便工程師查核。

9. **估價**——一般規模較大之工程，均於規範中規定工程師依下列辦法，以決定所通知之「變更」之價值：

(1)完工期限——對契約工期合理之**調整，依「完工期限」**條款之規定辦理。

(2)工程數量之增減——契約內某一工程項目數量之增減，係比較該工程項目應付款之全部數量與標單或**詳細價目表** (*Schedule of Unit Prices*) 所載工程師估算之數量而定。

　　若任何工程項目實際應付款之總數量與標單所載工程師之估算數量比較，其差額在 (25%) 以內，則本工程項目之付款，仍依契約所訂之單價計值給付，然合於**工程性質之變更** (*Changes in Character of Work*) 之調整者不在此限。若任何工程項目實際應付款之總數量，與標單所載工程師之估算數量比較，其差額超過 (25%)，而無「契約變更通知」加以說明給價之方式時，依規範中統一標準爲之。

(3)工程項目之刪除——若契約工程之任何一項被全部刪除，且無

「契約變更通知」以刪除該項目時，則承包商於「刪除」通知之日以前，爲該工程所耗之**實際費用** (*Actual Cost*)，以及承包商若已先訂購該項目下認可之材料，而此項訂購**又無法取消**，因而所發生之實際費用，應由業主給付承包商。但上述已付價之材料，則歸業主所有，而該項材料運交業主之運費，仍應由承包商支付。

若工程師指示將已訂購之材料予以退回，而賣方亦願接受者，則該批材料應予退回；但因賣方要求賠償退貨所需之實際費用以及退貨運費，應由業主支付予承包商。

付與承包商之上述實際費用得以「按日計值」付款之同樣辦法計算之；惟此項款額，應已包括此一工程項目所需之全部費額。

(4)工程性質變更——當契約內某工程項目之性質在實質上有顯著之變更時，則該工程項目應予給付調整 (*Adjustment in Compensation*)。其調整應依工程變更前後費用之差額，並以按日計值爲依據而決定之。

工程師應估計一**新單價** (*New Unit Price*)，該單價僅適用於實際變更性質工程項目之數量，此項數量不應再包含於「工程數量之增減」，而調整總數量內，亦不得按該辦法調整之。

(5)新增工程項目（額外工程）——新增及預料不到之工程，得由工程師決定歸納爲額外工程類。承包商於接獲**核定之契約變更通知** (*Approved Contract Change Order*) 或工程師其他之書面通知，指示辦理該項新工程時，應卽遵辦。其支付費用之計算應根據「按日計值」辦法，或依承包商與業主之**協議**而決定之。

第十章　契約條款之解釋與仲裁

10-1　契約條款之解釋

10-1-1　契約條款互相牴觸之成因

契約文件本以達到標準、簡單與實用為原則。但工程契約附件眾多，較為重要者，計有標單、圖樣、施工說明書、單價分析表等。其間難免發生含混、矛盾、歧義或漏載等情事，例如圖樣上註明應用進口某國建材，而在施工說明書中，則規定使用本國某廠產品；或施工說明書中規定之施工方法與標單上所註者不同，如混凝土之拌合，說明書中規定採用重量比（2500#*PSI*），而標單上則註明為體積比（1:2:4）等。究其原因有二：其一為採用標準施工說明書之關係，由於工程師常視其為金科玉律，不問工程之性質與需要，一字不改地附入契約，以致執行時發生與圖樣或標單不符情事；另一為圖樣、施工說明書或標單等分由數人繪寫，未能取得密切協調所致。

10-1-2　契約文件之一致性

為免引起契約文件不符所造成之爭執，故在契約中列有**契約文件之一致性** (*Coordination of Contract Documents*) 之規定，其大意為：「契約表格、設計圖、特訂條款、各種規範、補充說明等，**均為**構成契約之必要文件，旨在補助某一文件之不足，而使工程**臻於完善**。契約文件如對本項工程中之任何材料或工程方面有所省略，但有

清楚之示意者，應視爲業已明確規定。」並規定:「承包商若因本身之
疏忽，致對本工程在施工、竣工、養護等方面之一切事項未能全部瞭
解，不得藉任何理由以推卸其在契約上應負之責任。」

10-1-3　契約文件疑義之註釋

契約文件之解釋，應由業主爲之，除另有正式書面解釋或說明
外，無論工程師或其代表，或其員工，均無權對各種投標文件之意
義，作任何口頭之說明或解釋。任何不當之口頭說明或解釋，均對業
主（或工程師）無任何約束，或限制其在契約規定內自由行使其職
權。

一般契約均規定，其附件若有含混、矛盾、歧義或漏載等情事，
涉及契約雙方應負之義務與應享之權利時，應爲之註釋，此即所謂**契
約文件疑義之註釋**（*Discrepancies in the Contract Documents*）。當
有上述情形發生時，承包商應立即通知工程師，由工程師作成決定，
並以書面指示工作進行之方式。承包商於未得工程師之決定前所作之
任何修正，須自行負責，且應自行負擔費用。如工程師認爲因含混、
矛盾、歧義或漏載等情事，其關連之工作，於契約之原意顯屬必要或
慣例應完成者，則承包商應予完成該項工作，並視同已全部正確載明
於契約文件之內。其因契約文件之含混、矛盾、歧義、漏載等情事，
而使承包商遭受損失，若工程師認爲承包商有良好之理由，可據爲未
曾料及者，則應在補償與完工期限方面作適當之調整。

10-1-4　解釋互相牴觸條款之優先順序

契約中不同部份之條款之間，若有相互衝突或不一致之情形時（
又因故未加調整處理），其解釋之**優先順序**（*Præcedence of Conflic-
ting Provisions*）常作如下規定:

1. 契約中手寫部份。

2. 契約中打字部份。

3. 契約特訂條款中之規定、章節與條件。

4. 契約一般規則中之規定、章節與條件。

5. 契約上印具之規則。包括增揷其間之散張印刷物。

6. 標準規範之修正與補充條款，優先順序與發佈之順序相反。

7. 標準規範之補充說明，優先順序與發佈之先後順序相反。

8. 附於規範之圖樣則：

   (1)圖上標明或計算出之尺寸大小，優於比例尺量得之尺寸。

   (2)附註部份優於圖中所繪細節。

9. 標準規範。

10. 附於規範中，由工程師所發佈之特別或補充圖樣。

11. 附於規範中之修正圖樣，其採用之優先順序與發出之順序相反。

12. 承包商之施工圖表。

13. 承包商之工作圖。

10-2 爭執與仲裁

10-2-1 爭 執

在工程進行期間或完工後，不論契約是否已放棄、違反或終止，如業主或工程師與承包商之間，發生有關契約或由契約而引起，或在施工上有任何爭執或歧見時，除工程師依照契約有絕對權，或最後決定權之事項，或工程師行使其職權而命令任何工程開挖檢驗之事項外，雙方應立即以誠意磋商解決之。

一般常見之爭執或歧見，其情況概如下列：

1. 對契約文件眞正意向及意義;

2. 對永久性工程或臨時性工程之材料，及（或）技術之優劣;

3. 對工程或任一部份工程之施工方式或方法;

4. 對應提供何種施工設備及其適當之使用;

5. 對工程之丈量;

6. 對承包商違約原因等之評定。

　　如雙方磋商不能解決，承包商應立即將此種爭執或歧見，以書面通知業主或其工程師請其以書面決定。爲免業主或工程師故意拖延，不予答覆，故在契約中應有時限之規定，惟不宜太短，因逾此限者，得視爲默認之故，必須預留充分時間，以供考慮。俾免承包商故意大弄筆墨，使業主不勝其擾，有者因其無理取鬧，置之不理，豈知適中其圈套。憶及十餘年前，某銀行興建工程，因承包商不時申請解釋並作不合理之要求，經辦人員不勝其煩，認爲其無理取鬧，致未如限作覆，其後因承包商於領款後，不開工，某銀行迫不得已，訴之於法院，惟承包商亦提出反控，要求賠償，原告打成被告，此皆規定時限不合理所致。

　　猶如上述，此種爭執或歧見，可否由工程師書面決定，得視業主對工程師授權之程度而定。且其在任何時間內爲爭執事件發出之書面指示，不得妨害雙方之權益。如承包商對工程師之決定不服，可向業主申訴，業主應於審閱全案後，作成裁決，以書面通知承包商及工程師。

　　尚有承包商認爲應領但未明確載於契約內，其工程或材料之額外補償，或工程師未作指示而必須辦理之額外工程，均須於開工前書面通知工程師，請求額外補償，並須提供工程師各項方便，以利核計該項額外工程之實需工款。如承包商未提出是項通知或未提供工程師適當之方便，以利精確核計工款，則卽視爲該項額外補償請求之放棄。

承包商對是項通知之提出，及工程師對有關工程款之核計，不得視作該項請求補償已屬有效。通常在工程完工之後之十日內，承包商須向工程師提出額外補償之申請，工程師須轉呈業主審核。

工程師憑其技術及其對有關工程之知識，將以專家身份作工程之鑑定、簽證、丈量及評價。惟其在決定、證明、丈量及評價事項中，並非居於仲裁者之地位。如有任何問題，不在其知識範圍內者，工程師為求其本身之瞭解，得自由諮詢於人。工程師應視為已掌握必要之資料，可供其判斷、丈量、評價、決定及通知，提出要求、核發或拒發證明。在任何時間及任何情況下，經考慮認為適當及不違背契約精神時，核發證明，悉由工程師自由辦理，無須說明理由及細節。

10-2-2　訴諸仲裁

在實施工程時期內，業主及承包商之間，如於工程師解釋規範及圖樣之意義外，另有異議時，得將此事交付無利害關係之第三者仲裁之，此即所謂**訴諸仲裁** (*Recourse to Arbitration*)。但亦不乏反對循此途徑解決者。蓋遇有爭辯時，訂立契約之各方面鮮有服從仲裁條款之規定，而寧將爭論訴諸法庭，不願以切身利益有關之事，委諸不知意向之仲裁人決定。因此契約雙方每會拒絕對方所提名之仲裁人，以爭取對本身有利之裁決。但當雙方均願意和解，且彼此同意依契約條款推派仲裁人時，則仲裁會議之裁決，即具有拘束之能力。

若雙方同意遇有爭執時，得經仲裁方式解決者，其程序概如下述：

1. **程序建立** (*Institution of Proceedings*)——承包商如欲以仲裁解決爭執、求償或問題，應首先將此要求以書面通知業主，扼要說明發生爭執之事項。

2. **爭執之陳述** (*Statement of the Controversy*)——業主於收到承

包商之要求書十五天內，應扼要答覆對方，如無答覆，則要求書
內所述，卽爲爭執之事項。

3. **仲裁者之產生** (*Appointment of Arbitrators*)──仲裁會應選派
三人擔任，雙方須在接到要求書二十天內各推舉一人，除在上述
期限內雙方同意由某一位仲裁外，兩位由雙方推舉之仲裁者，在
受任十天內選出第三位仲裁者作爲公證仲裁人。

4. **未能指定仲裁者** (*Failure to Appoint Arbitrators*)──如要求
仲裁之一方或業主，在規定期限內，未能推舉出仲裁者時，得請
求法院從中調解。

5. **空缺之遞補** (*Filling of Vacancies*)──當一位仲裁者不能、疏
忽或拒絕參加公聽時，應參照前述之相同方式，並在相同期限內
推舉一位新仲裁者，如未能推舉新任時，得請求法院從中調解。

6. **仲裁者之資歷** (*Qualification of Arbitrators*)──任何推舉仲
裁之機構、人士或團體，其所推舉之仲裁人，不得與任何一方有
財務上、業務上及親屬關係或其他關係，以免妨害另一方獲得公
平與公正裁決之權利。仲裁者應爲有名望、有操守之公正人士，
並對爭執事項具有專業知識。

7. **書記** (*Clerk*)──仲裁者應盡速安排會議程序，並指定無投票權
之書記一人，執行仲裁者指派之職務，以便迅速處理會議事務。

8. **書面證據之聽證或提交** (*Hearing or Filling of Written Proofs*)
──除非有工程師之書面同意，凡涉及爭執之工程，應俟完工或
被宣告完工之後，始得舉行聽證，舉行聽證前，仲裁者須決定時
間地點，並通知雙方。所有仲裁會議，皆應在國內舉行。如雙方
同意不舉行聽證，仲裁者應要求雙方提出書面理由並附證明，然
後允其提出答辯。

9. **聽證之執行** (*Conduct of Hearing*)──舉行聽證時，須先聽取

控訴一方及其證人發言，並接受對方或其辯護人之質詢。亦須聽取被控訴一方及其證人發言，並接受對方或其辯護人之質詢。舉行聽證時，所提之證物，如記錄、文件及其他證據均可。當雙方提出所有有關證據與物證後，仲裁者應正式結束聽證，經秘密研討後，始予裁決。但此種程序乃屬一原則，如有充分理由，亦可暫時休會；或仲裁者爲作愼重判斷，或應某一方之據理請求下，仍可隨時再開聽證會。仲裁會在不違反法令規定，及一秉公正態度之下，有權開啓、審核及修正任何證件、意見、決定、請求或通知書（工程師根據契約有絕對權與最後決定權之事項，或工程師行使其職權，挖開任何工程，以便檢驗等事項除外）。工程師雖曾作決定或頒發命令，皆不能因之而使其喪失作爲證人之資格，並可對有關要求仲裁之爭執、賠償、或其他問題，提出證據。

10. **證據之提交公斷** (*Submission of Proofs*)——凡證據及證物必須雙方及全體仲裁人在場時當面提出。但有下列情形之一者，則爲例外：

   (1)發生爭執之雙方均同意兩者不在場可以提出或秘密收受；

   (2)兩者之一，在收到提交證據之通知後，由於本身所造成之延誤，以致未能蒞場。

   提交仲裁者之證據，可包括雙方或其證人之證詞、文件證物、具結書、以及經仲裁者認爲可以提出之其他證據或證物。在仲裁會召開期間，仲裁者可在任何時間收受證據、檢驗證物、以及於必要時接受其他證據。仲裁者得允准辯護人提交摘要，並可限期提交。

11. **費用及規費** (*Expenses and Fees*)——凡爭執之案件須經仲裁時，業主與承包商均應平均負擔自爭執案件提請仲裁開始至終結時止，經仲裁會認爲公平合理估算之仲裁費與其他臨時發生之費

用，並將之存入仲裁會。除雙方同意另有規定外，仲裁會將根據
有關之要求賠償額、聽證次數及其他因素以決定補償費。

12. **損失之評定** (*Assessment of Damages*)——如合乎案情之需要，
仲裁會得在法律許可範圍內裁決，由於仲裁之時間及意外費用之
合理補償金額付給勝訴一方；如經認為提控訴之一方無適當之理
由，仲裁會亦可裁決因之而招致之延誤損失，予對方以損害賠
償。

13. **裁決** (*Award*)——仲裁會以投票表決方法，以裁決爭執事項範
圍內所提出之任何問題，包括裁決書之通過在內。裁決須在聽證
閉會後三十天內作成書面文件，並須經由全體或大多數仲裁者之
簽名或蓋章；同時應遞交雙方查照，並取得收到裁決書之收據；
副本抄知工程師。

14. **訴諸法律** (*Recourse to Law*)——通常仲裁會之決定，雖可視為
定案。但業主如為政府機關時，容或仍須經由上級主管機關之核
准，以及審計機關之同意。此外，除經適當管轄權之法院決定，
認為仲裁會之裁決有詐欺、獨斷、不公等嚴重錯誤外，其對業主
與承包商均有拘束力。

10-3 法律規定

工程契約係契約之一種，故與其他契約一樣，一方當事人對他方
當事人提出締結契約之**要約** (*Offer*)，對此要約，他方當事人予以**承
諾** (*Accept*)，契約即行成立。不論買賣之內容複雜，最後契約必由
一個要約與一個承諾而成立。

要約與承諾，缺少一方契約即無法成立。無要約則無承諾，故契約無以成立；又無承諾，僅有要約，契約也無從成立。

　一工程契約之簽立前後，無時不與法律發生關係，玆將吾國民法中關於承攬之規定，列示如次：

10-3-1　承攬之定義

　承攬乃當事人約定，一方為他方完成一定之工作，他方俟工作完成，給付報酬之契約（民法第490條）

1.　承攬係以工作之完成為目的之契約。
2.　承攬係以工作之完成，給付報酬為目的之契約。
3.　承攬之主體，一方為承攬人，一方為定作人。

10-3-2　承攬之種類

1.　**一般承攬**——單純由承攬人完成一定工作，而定作人給付報酬之契約。
2.　**特殊承攬**——並非單純的由承攬人完成一定之工作，而係另具有其他特殊之情況，其最主要者有：
　(1)次承攬——即一般所稱之「轉包」，係承攬人將其所承攬者，轉由他人承攬其全部或一部，在次承攬之場合，有兩個承攬契約存在：一為原承攬契約，一為次承攬契約。除原承攬契約有明文禁止，或依其工作之性質具有專屬性者外，原承攬人得將其所承攬之工作，轉由他人承攬之。惟次承攬人與原定作人

間，不直接發生權利義務之關係，仍應由原承攬人對原定作人
負其全責，亦卽次承攬人應行負責之事由，原承攬人亦應負
責。

(2)買賣承攬——亦稱承攬供給契約，卽承攬人除完成約定之工作
外，並提供完成工作所需之材料。此與一般承攬不同，在一般
承攬，材料係由定作人供給，而買賣承攬，則由承攬人以自己
之材料爲之。

(3)不規則承攬——不規則承攬雖由定作人供給材料，但約明承攬
人不妨以其他同種類材料代替之。

10-3-3 承攬之效力

1. 承攬人之權利與義務

(1)工作之完成——得爲承攬契約內容之工作，項目繁多。例如建
築、測量、運輸、甚至清掃、打蠟等均包括在內。約定工作之
完成，爲承攬人之主要義務。工作完成後，依工作之性質，有
須交付者，有無須交付者，其須交付者，承攬人尙有將完成之
工作爲交付之義務。

承攬人不能完成工作或不能如期完成時，依民法之規定，發生如
次之後果:

一、民法第五〇二條: 因可歸責於承攬人之事由，致工作不能
於約定期限完成者，或未定期限經過相當時期而未完者，
定作人得請求減少報酬，前項情形，如以工作於特定期限
完成或交付爲契約之要素者，定作人得解除契約。

二、民法第五〇三條: 因可歸責於承攬人之事由，遲延工作，
顯可預見其不能於限期內完成者，定作人得解除契約。但
以其遲延，可爲工作完成後解除契約之原因者爲限。

三、民法第五〇四條：工作遲延後，定作人受領工作時，不為保留者，承攬人對於遲延之結果，不負責任。

四、民法第二二六條：因可歸責於債務人之事由，致結付不能者，債權人得請求賠償損害。

前項情形，給付一部不能者，若其他部分之履行，於債權人無利益時，債權人得拒絕該部之給付，請求全部不履行之損害賠償。債權人並得解除其契約（民法第二五六條）。

(2)無瑕疵責任之負擔——承攬人完成工作，應使其具備約定之品質，及無減少，或減失價值，或不適於通常或約定使用之瑕疵（民法第四九二條），此即承攬人所應負擔無瑕疵之責任。

一、無瑕疵責任之內容：

㈠瑕疵修補：工作有瑕疵者，定作人得定相當期限，請求承攬人修補之。承攬人不於前項期限內修補者，定作人得自行修補，並得向承攬人請求償還修補必要之費用。如修補所需費用過鉅者，承攬人得拒絕修補，遇此情形，定作人不得因自行修補，而請求費用（民法第四九三條），僅能解除契約或請求賠償，謀求解決。

㈡解除契約或減少報酬：承攬人不於定作人所定之相當期限內修補瑕疵，或因修補所需費用過鉅拒絕修補，或其瑕疵不能修補時，定作人得解除契約或請求減少報酬（即兩者之間擇一行之）；但如瑕疵並不重要，或所承攬之工作為建築物，或其他土地上之工作物者，定作人不得解除契約（民法第四九四條），僅能請求減少報酬。

㈢損害賠償：因可歸責於承攬人之事由，致工作發生瑕疵者，定作人除可依前述之規定請求修補或解除契約，**或**

請求減少報酬外，並得請求損害賠償（民法第四九五條）。惟請求修補或解除契約及請求減少報酬，並不以承攬人有過失為條件，而請求損害賠償則以承攬人過失為條件。

㈣預防瑕疵發生之請求權：在瑕疵尚未發生前，亦卽在工作進行中，因承攬人之過失，顯可預見工作有瑕疵，或有其他違反契約之情事者，定作人得定相當期限，請求承攬人改善其工作，或依約履行（民法第四九七條第一項）。承攬不於上述期限內，依照改善或履行者，定作人得使第三人改善或繼續其工作，其危險及費用，均由承攬人負擔（同條第二項）。

二、無瑕疵責任之免除：工作之瑕疵，因定作人所供給材料之性質，或依定作人之指示而生者，定作人無前述各種之權利，承攬人自毋須擔負其責；但承攬人明知其材料之性質，或指示不當，而不告知定作人者，則不在此限（民法第四九六條）。

三、無瑕疵責任之存續期間：

㈠工作為建築物或其他土地上之工作物，或為此等工作物之重大修繕者，其擔負責任之期間為五年。若承攬人故意不告其工作之瑕疵者，其所定之期限，延為十年（第四九九條，第五〇〇條）。

㈡其他工作，如其瑕疵自付交後經過一年始發現者，不得主張。但承攬人故意不告知其工作之瑕疵者，延長為五年。

前述之期間，係自工作交付之日起算，無須交付者，自完成時起算，但得以契約加長，不得減短（民法

第四九八條、第五〇〇條、第五〇一條)。

㈢從定作人而言，其瑕疵修補請求權、修補費用償還請求權、減少報酬請求權、或契約解除權，均因瑕疵發見後一年間不行使而消滅。

㈣法定抵押權：承攬之工作爲建築物，或其他土地上之工作物，或爲此等工作物重大修繕者，承攬人就承攬關係所生之債權，對於其工作所附之定作人之不動產，有抵押權 (民法第五一三條)。

2.　定作人之權利與義務

(1)報酬之給付——報酬分爲定額與概數二種，並採報酬後付之原則。

一、報酬應於工作給付時交付之，無須交付者，應予工作完成時給付之。工作係分部交付，而報酬係就各部分定之者，應於每部分交付時，給付該部分之報酬 (民法第五〇五條)。

二、訂立契約時，僅估計報酬之概數者，如其報酬，因非可歸責於定作人之事由，超過概數甚鉅者，定作人得於工作進行中或完成後解除契約。前項情形，工作物如爲建築物，或其他土地上之工作物，或爲此等工作物之重大修繕者，定作人僅得請求相當減少報酬，如工作物尙未完成者，定作人得通知承攬人停止工作，並得解除契約。

定作人依前二項之規定解除契約時，應賠償相當之損害 (民法第五〇六條)。

(2)工作之協力與受領：

一、工作需定作人之行爲始能完成者(例如建築執照之申請)，而定作人不爲其行爲時，承攬人得定相當期限，催告定作

人爲之；定作人不於前項期限內爲其行爲者，承攬人得解除契約（民法第五○七條）。

二、工作完成後，承攬人爲交付時，定作人應卽受領之，若定作人不爲之者，則構成債權人受領遲延，其責任依民法第二三四條以下有關之規定決定之。如依工作之性質無須交付者，以工作完成時，視爲受領（民法第五一○條）。

(3)危險之負擔：

一、工作毀損滅失之危險，於定作人受領前，由承攬人負擔。如定作人受領遲延者，其危險由定作人負擔；定作人所供給之材料，因不可抗力而毀損滅失者，承攬人不負其責（民法第五○八條）。

二、於定作人受領工作前，因其所供給材料之瑕疵，或其指示不適當，致工作毀損滅失，或不能完成者，如承攬人及時將材料之瑕疵，或指示不適當之情事，通知定作人時，得請求其已服勞務之報酬，及墊款之償還。定作人有過失者，並得請求損害賠償。

3. 契約解除、違約金或侵權行爲

(1)契約解除：

一、契約解除與契約終止，兩者在性質上並不相同，所謂「契約解除」，乃就現在已經存在之契約關係，溯及旣往，使契約之效力自始不存在；所謂「契約終止」，乃就現在已經存在之契約關係，使契約效力以後不存續。

二、民法第二五五條規定：「依契約之性質或當事人之意思表示，非於一定時期爲給付不能達其契約之目的，而契約當事人之一方不按照**時期**給付者，他方當事人得不爲前條之催告，解除其契約。」但建築工程若未能如期完工者與本

條所稱不在一定時期爲給付不能達其目的者不同，而且就
履行期間亦無特別重要之含意表示，所以不能直接解除契
約。

(2)違約金：

一、違約金依性質可分爲二：其一爲賠償總額之預定；其二爲
強制罰。

二、約定之違約金額過高者，債務人可以請求法院予以減低
（民法第二五二條）；法院得依一般客觀事實、社會經濟狀
況及當事人所受損害情形，及債務人如能如期履行時，債
權人可以享受之一切利益，作爲衡量標準；但法院不得以
違約金過低爲由，予以增加。

(3)侵權行爲：

一、承攬人因執行承攬事項，不法侵害別人權利，被害人得就
下列事實請求賠償：

㈠定作人於定作或指示有故意過失，而承攬人並無過失，
可向定作人請求。

㈡定作人於定作或指示有故意過失，而承攬人亦有之，則
向定作人及承攬人請求。

㈢定作人於定作或指示並無過失，則當爲承攬人個人之侵
權行爲，應向承攬人請求（民法一八九條）。

二、土地上之建築物或其他工作物因設置或保管有欠缺，致損
害他人之權利（如挖掘地下室時安全措施不夠致隣屋倒
塌；或施工模板墜落，打傷路人）時，受害人在原則上可
向建築物或工作物之所有人請求賠償。但所有人如能證明
其對防止損害之發生已盡相當注意，不在此限。

如損害之發生，係出於承攬人之故意、過失所致，則賠償

損害之所有人，對於承攬人可以要求賠償（民法第一九一條）。

10-3-4 保證

保證乃當事人約定，一方於他方之債務人不能履行債務時，由其代負履行責任之契約（民法七三九條）。蓋債之擔保，本有物的擔保與人的擔保兩種，前者如抵押權、質權及留置權，後者如保證。

1. 保證債務之範圍——保證債務之範圍，得由當事人自由約定，其未約定者，則依法律之規定。凡已約定範圍者，謂之「有限保證」，其未約定範圍而依法律規定者，謂之「無限保證」。

2. 先訴抗辯權——所謂先訴抗辯權乃保證人於債權人未就主債務人之財產強制執行而無效果前，對於債權人得拒絕清償之權利（民法七四五條）。亦卽唯保證人始有之，其他債務人則無。但有下列各款情形之一者，保證人不得主張先訴抗辯權：

   (1)保證人拋棄先訴抗辯權者。

   (2)保證契約成立後主債務人之住所、營業所或居所有變更，致向其請求清償發生困難者。

   (3)主債務人受破產宣告者。

   (4)主債務人之財產不足清償其債務者（民法七四六條）。

   至於主債務除保證之外，尚有物的擔保時，得依下述情形處理：

   (1)擔保物係由主債務人自己提供者，則是主債務人尚有財產在，債權人應先就該擔保物強制執行，否則保證人自得主張先訴抗辯權。

   (2)擔保物係由第三人所提供者，我國判例認爲原則上應先盡擔保物拍賣充償之。

中英文對照及索引

A

B

C

三民科學技術叢書(三)

書　　　　　名	著作人	任　　　　　職
電　　磁　　學	周達如	成　功　大　學
電　　磁　　學	黃廣志	中　山　大　學
電　　磁　　波	沈在崧	成　功　大　學
電　波　工　程	黃廣志	中　山　大　學
電　工　原　理	毛齊武	成　功　大　學
電　工　製　圖	蔡健藏	臺　北　工　專
電　工　數　學	高正治	中　山　大　學
電　工　數　學	王永和	成　功　大　學
電　工　材　料	周達如	成　功　大　學
電　工　儀　表　學	毛齊武	成　功　大　學
儀　　表　　學	周達如	成　功　大　學
輸　配　電　學	王　載	成　功　大　學
基　本　電　學	毛齊武	成　功　大　學
電　　路　　學	夏少非	成　功　大　學
電　　路　　學	蔡有龍	成　功　大　學
電　廠　設　備	夏少非	成　功　大　學
電器保護與安全	蔡健藏	臺　北　工　專
網　路　分　析	李祖添 杭學鳴	交　通　大　學
自　動　控　制	孫有義	成　功　大　學
自　動　控　制	李祖添	交　通　大　學
自　動　控　制	楊維楨	臺　灣　大　學
自　動　控　制	李嘉猷	成　功　大　學
工　業　電　子	陳文良	清　華　大　學
工　業　電　子　實　習	高正治	中　山　大　學
美　日　電　子　工　業	杜德煒	美國矽技術公司
工　程　材　料	林　立	中正理工學院
材料科學(工程材料)	王櫻茂	成　功　大　學
工　程　機　械	蔡攀鰲	成　功　大　學
工　程　地　質	蔡攀鰲	成　功　大　學
工　程　數　學	孫育義 高正治	成　功　大　學 中　山　大　學
工　程　數　學	吳朗	成　功　大　學
工　程　數　學	蘇炎坤	成　功　大　學
熱　　工　　學	馬承九	成　功　大　學
熱　　處　　理	張天津	師　範　大　學
熱　　機　　學	蔡旭容	臺　北　工　專

大學專校教材，各種考試用書．

三民科學技術叢書㈡

書　　　　　名	著作人	任　　　　　職
單 元 操 作 演 習	葉 和 明	成 功 大 學
程 序 控 制	周 澤 川	成 功 大 學
自 動 程 序 控 制	周 澤 川	成 功 大 學
電 子 學	余 家 聲	逢 甲 大 學
電 子 學	鄧 知 晞 李 清 庭	成 功 大 學 中 原 大 學
電 子 學	傅 勝 利 陳 光 福	成 功 大 學
電 子 學	王 永 和	成 功 大 學
電 子 實 習	陳 龍 英	交 通 大 學
電 子 電 路	高 正 治	中 山 大 學
電 子 電 路 ㈠	陳 龍 英	交 通 大 學
電 子 材 料	吳 朗	成 功 大 學
電 子 製 圖	蔡 健 藏	臺 北 工 專
組 合 邏 輯	姚 靜 波	成 功 大 學
序 向 邏 輯	姚 靜 波	成 功 大 學
數 位 邏 輯	鄭 國 順	成 功 大 學
邏 輯 設 計 實 習	朱 惠 勇 康 峻 源	成 功 大 學 省 立 新 化 高 工
音 響 器 材	黃 貴 周	聲 寶 公 司
音 響 工 程	黃 貴 周	聲 寶 公 司
通 訊 系 統	楊 明 興	成 功 大 學
印 刷 電 路 製 作	張 奇 昌	中 山 科 學 研 究 院
電 子 計 算 機 概 論	歐 文 雄	臺 北 工 專
電 子 計 算 機	黃 本 源	成 功 大 學
計 算 機 概 論	朱 惠 勇 黃 煌 嘉	成 功 大 學 臺 北 市 立 南 港 高 工
微 算 機 應 用	王 明 習	成 功 大 學
電 子 計 算 機 程 式	陳 澤 生 吳 建 臺	成 功 大 學
計 算 機 程 式	余 政 光	中 央 大 學
計 算 機 程 式	陳 敬	成 功 大 學
機 器 人 基 本 原 理	杜 德 煒	美 國 矽 技 術 公 司
電 工 學	劉 濱 達	成 功 大 學
電 工 學	毛 齊 武	成 功 大 學
電 機 學	詹 益 樹	清 華 大 學
電 機 機 械	林 料 總	成 功 大 學
電 機 機 械	黃 慶 連	成 功 大 學
電 機 機 械 實 習	林 偉 成	成 功 大 學

大學專校教材，各種考試用書．

三民科學技術叢書㈠

書　　　　　名	著　作　人	任　　　　　職
統　　計　　學	王　士　華	成　功　大　學
微　　積　　分	何　典　恭	淡　水　工　商
圖　　　　　學	梁　炳　光	成　功　大　學
物　　　　　理	陳　龍　英	交　通　大　學
普　通　化　學	王　澄　霞 魏　明　通	師　範　大　學
普　通　化　學　實　驗	魏　明　通	師　範　大　學
有　機　化　學	王　澄　霞 魏　明　通	師　範　大　學
有　機　化　學　實　驗	王　澄　霞 魏　明　通	師　範　大　學
分　析　化　學	鄭　華　生	清　華　大　學
實　驗　設　計　與　分　析	周　澤　川	成　功　大　學
聚合體學(高分子化學)	杜　逸　虹	臺　灣　大　學
物　　理　　化　　學	杜　逸　虹	臺　灣　大　學
物　　理　　化　　學	李　敏　達	臺　灣　大　學
化　學　工　業　概　論	王　振　華	成　功　大　學
化　工　熱　力　學	劉　禮　堂	大　同　工　學　院
化　工　熱　力　學	黃　定　加	成　功　大　學
化　工　材　料	陳　陵　援	成　功　大　學
化　工　材　料	朱　宗　正	成　功　大　學
化　工　計　算	陳　志　勇	成　功　大　學
塑　膠　配　料	李　繼　強	臺　北　工　專
塑　膠　概　論	李　繼　強	臺　北　工　專
機械概論(化工機械)	謝　爾　昌	成　功　大　學
工　業　分　析	吳　振　成	成　功　大　學
儀　器　分　析	陳　陵　援	成　功　大　學
工　業　儀　器	周　澤　川 徐　晨　麒	成　功　大　學
工　業　儀　表	周　澤　川	成　功　大　學
反　應　工　程	徐　念　文	臺　灣　大　學
定　量　分　析	陳　壽　南	成　功　大　學
定　性　分　析	陳　壽　南	成　功　大　學
食　品　加　工	蘇　茀　第	前臺灣大學教授
質　能　結　算	呂　銘　坤	成　功　大　學
單　元　程　序	李　敏　達	臺　灣　大　學
單　元　操　作	陳　振　揚	臺　北　工　專
單　元　操　作	葉　和　明	成　功　大　學

大學專校教材，各種考試用書．